羊皮卷

内心强大，遇困难不怕

赵文武 编著

中国纺织出版社

内容提要

羊皮卷是犹太人的智慧宝典,指引无数人突破自己,实现成功。羊皮卷里有很多激励人心、指引生命的人生哲理和成功理念,不同的人读到它们,收获都有不同,但无一例外的是,他们都收获了信心和勇气,敢于站起来向命运挑战,去大胆追寻财富和幸福。

本书精选大量犹太人的成功故事,从不同角度与读者探讨创造财富和美好人生的方法。希望通过他们的成就和启示,教会读者克服生活的磨难、挣脱命运的摆布,找到改变自我、获取财富和幸福的通道,真正开始全新的人生之路。

图书在版编目(CIP)数据

羊皮卷:内心强大,遇困难不怕 / 赵文武编著.
—北京:中国纺织出版社,2019.5(2019.8重印)
ISBN 978-7-5180-6034-4

Ⅰ.①羊… Ⅱ.①赵… Ⅲ.①成功心理—通俗读物 Ⅳ.①B848.4-49

中国版本图书馆CIP数据核字(2019)第051897号

责任编辑:闫 星　　特约编辑:王佳新　　责任印制:储志伟
中国纺织出版社出版发行
地址:北京市朝阳区百子湾东里 A407 号楼　邮政编码:100124
销售电话:010—67004422　传真:010—87155801
http://www.c-textilep.com
E-mail:faxing@c-textilep.com
中国纺织出版社天猫旗舰店
官方微博http://weibo.com/2119887771
三河市延风印装有限公司印刷　各地新华书店经销
2019年5月第1版　2019年8月第4次印刷
开本:880×1230　1/32　印张:6
字数:180千字　定价:39.80元

凡购本书,如有缺页、倒页、脱页,由本社图书营销中心调换

序言
PREFACE

　　每个人都想窥探关于财富和幸福的秘密，但不是每个人都能成功。人们每天为了物质而奔忙，为了得到和占有不停地透支财富和幸福，是吸引人们为之疯狂的火焰，我们如若不能掌控自己，轻则被灼伤，重则丢掉性命也有可能。然而，人毕竟不是真正的飞蛾，我们有思想有智慧，决不能因为诱惑致命就奋不顾身、铤而走险，去掌握控制火的方法，去提升自己的能力和思想，才是攀登人生高峰的正道。

　　这世界每天都在变化，但是有些智慧和原则是永恒不变的，我们要做的，不是每天跟随着变化而忙碌奔波，而是去发现和学习智慧，但这些智慧和诀窍并不是每个人都能够看得到的，世界太斑斓，影响人心、诱惑人心的东西太多，很多人被遮蔽了双眼而不自知。

　　而《羊皮卷》就是根据犹太人的成功理念、结合我们身边的人事总结出来的人生实用指南。据说，犹太人是全世界平均智商最高的种族，他们获得诺贝尔奖的比例是其他民族的100倍。犹太民族有很多值得我们学习的思想和智慧，他们拥有特殊的思维模式和教育理念，他们的致富秘诀和成功经验，非常值得我们学习。

有人说，三个人犹太人在一起，就可以决定世界，而犹太人自己说："智慧是任何人都抢不走的。"生活中的人们，都希望了解犹太人的经商之道，学会犹太人的处世智慧，让自己在社交、职场和生活中也能够驰骋纵横。

本书是一部关于人生怎样成功的励志书，汇集了先贤们的思想精华，揭示了信心、财富和幸福的真正秘密，以及怎样获取它们的成功法则。书中所阐述的人生哲理和成功理念，曾经鼓舞过千千万万的人，更激励过无数困境中的人，希望此时书中的理念和知识依然能够帮助你重获信心，带给你勇气和希望，令你从此走上幸福和成功之路。

编著者
2019年2月

目录
CONTENTS

第01章　不忘初心，敢想也敢做有胆亦有魄　/ 001

　　心到达了哪里，人生的路就会走到哪里　/ 002

　　不同凡响的人才能赢得不同凡响的成功　/ 004

　　先要有清晰的目标，才能有为之奋斗的动力　/ 007

　　不走老路，找到属于自己的出路　/ 009

　　有魄力和胆识，成功必然靠近你　/ 012

　　心若强大，不惧敌人多寡　/ 015

第02章　打破禁锢，立足高远有超前意识　/ 019

　　打破思维束缚，别让任何事限制你的人生　/ 020

　　只有创新才能带来进步　/ 022

　　破除惯性思维是解决问题的关键　/ 025

　　先有疑问才有不断涌出的新思路　/ 027

　　你所不知的领域往往潜藏着巨大的机会　/ 030

　　眼光长远，懂得放长线和未雨绸缪　/ 033

第03章　创造财富，眼光独到把握点滴商机　/ 037

　　培养正确的金钱观，理性对待不刻意强求　/ 038

　　掌握了财富渠道才是掌控了财富的来源　/ 040

　　及时有效的信息能带来巨大的财富　/ 043

　　培养独到的眼光，商机逃不出你的眼睛　/ 046

　　朋友多财富多，感情好财富到　/ 049

　　获取财富还需要一颗有智慧的头脑　/ 051

第04章　主控行为，任何境况下绝不做被困的斗兽　/ 055

　　没有未经历过磨难的英雄　/ 056

　　勤奋是获取财富、有所成就的基础　/ 058

　　向目标前进，行动是根本　/ 061

　　必须要有自控力，不受影响才能达成所愿　/ 063

　　积极提升自我，把成功握在自己手里　/ 065

　　做好小事，一屋不扫何以扫天下　/ 068

第05章　理智冒险，敢于冒险更要能看清风险　/ 071

　　冒险有可能获得更多财富　/ 072

　　看清风险，有理智的人不盲目冒险　/ 075

　　眼光长远的人才能比别人更早作打算　/ 078

　　有多大风险就有多大收益　/ 079

　　　　立刻开始行动，别在等待中错失时机 /082
　　　　毫无把握的冒险，不如果断放弃 /084

第06章　善于借势，借他人之力成自己之事 /087

　　　　懂得借力借势的人，成功不费力 /088
　　　　站在巨人的肩膀上，推开自己的成功之门 /090
　　　　顺势而为，借势也讲究时机和分寸 /093
　　　　借助他人的名气，让自己也出名 /096
　　　　必要的时候，名人效应很管用 /099

第07章　另辟蹊径，不走寻常路才能走出自己的路 /103

　　　　为自己定制一个高端的发展路线 /104
　　　　没有被关注到的地方蕴藏财富 /106
　　　　懂得逆向思考的人能够先发现财富 /109
　　　　发现路不通时，与其折返不如另辟蹊径 /111
　　　　逆向思考帮你摆脱困境 /114

第08章　机敏变通，审时度势随时优化方向和方法 /117

　　　　固守陈规会限制你的发展 /118
　　　　懂得变通的人才不会走进死胡同 /120
　　　　思维一变景色豁然开朗 /122

及时调整方向，永远不会撞上南墙 / 124

盲目的前进不可取，看清形势再选择 / 127

第09章　重视教育，用鼓励和赏识培养出色的孩子 / 129

多给孩子一些认可，被赏识的孩子有出息 / 130

孩子也有尊严，需要你平等对待 / 132

别束缚孩子，让他们自由去成长 / 134

为孩子培养好兴趣，家长变得很轻松 / 137

会做家务的孩子未来错不了 / 139

第10章　求识不辍，不断充实自己才能保持竞争力 / 143

自我提升，知识让你拥有智慧 / 144

活到老学到老，知识永远不会腐坏 / 147

善用知识，尽读书不如无书 / 149

用知识填充大脑，用经历提升能力 / 152

别人永远窃取不走的财富只有知识 / 154

第11章　理性社交，热情为先真诚为本更得人心 / 157

别让金钱玷污友谊的纯净 / 158

雪中送炭，对需要帮助的人施以援手 / 160

率性爽朗让你在交际场大受欢迎 / 162

没有永远的敌人，懂得化敌为友　/ 164

适当的时候以退为进，不咄咄逼人更得人心　/ 166

第12章　低调处世，头脑精明但为人诚挚坦荡　/ 169

每个人都喜欢称赞，嘴甜的人被人喜欢　/ 170

为他人着想，体谅他人的难处　/ 172

言出必行，有诚信的人才值得结交　/ 175

可以有精明的头脑，但必须要磊落处世　/ 177

远见卓识，学会预测机遇和风险　/ 179

参考文献　/ 182

第01章

不忘初心，敢想也敢做有胆亦有魄

心到达了哪里，人生的路就会走到哪里

拿破仑曾经说过一句话："不想当将军的士兵，不是好士兵。"同样，不想赚大钱、不想发财的商人不是好商人。有时候有雄心不是一件坏事，它能让你明白自己想要的是什么，你想达到的目的是什么。只有具有雄心的商人，才能将自己的事业越做越大；整天知足常乐的人，不会有太大的成就。

很多成功人士在很小的时候就立志将来一定要成为有钱人，有些人在小时候就想成为某一行业的领军人物。在这种雄心的刺激下，他们会为了自己的梦想不断奋斗，最终成就辉煌的人生。

迈克尔是一位美籍犹太人，他自小就想做一个驰名世界的计算机专家。因为他的父亲经常在家里摆弄电脑，所以，经过耳濡目染，他对电脑的专业知识越来越熟悉。就在同龄孩子还在玩耍的时候，他已经在研究电脑的专项功能了。上大学的时候，他发现私人电脑已经成为人们热议的对象。但是，在当时的情况下，销售商将电脑的价格抬得很高，大学生很难拿出那么多钱去买一台昂贵的电脑，迈克尔觉得这是一个巨大的商机。他费了九牛二虎之力，终于将销售商库存的电脑以成本价

收购。他倚仗着自己的专业知识,为这些电脑装上了附件,增加了一些功能,然后将这些电脑以较低的价格出售。这些电脑受到大学生们的欢迎,很快销售一空。迈克尔的生意越做越大,他的父母担心他的学业,想让他拿到学位以后再做生意。但是他觉得这是一个机遇,他已经等不到毕业的时候了,于是就继续销售电脑。他见其他公司都是先将电脑生产好,再推向市场,就决定反其道而行之。他让顾客说出自己的需求,然后为顾客量身打造电脑。这个方法很快就得到了消费者的认可,他第一个月就赚了18万美元。此后,他赚的钱越来越多,在同龄人大学毕业的时候,他已经有了几亿美元的存款。现在,他的公司在全世界都有分店,他已经成为世界上最有名的电脑销售商之一。

迈克尔的成功不是偶然的,因为他从小就有出人头地的梦想,有实现自己梦想的雄心,所以他能在后来的人生中取得巨大的成功。如果说梦想是成功的指明灯,那么雄心就是实现梦想的发动机。就是因为有发动机的推进作用,人才能不断向梦想驶去。梦想和雄心是相辅相成的。

犹太人一般都是有雄心的,他们希望自己的生意越做越大,经常嫌自己的生意不够大。犹太人经常是在某一行业做出成就后,觉得自己的生意还是太小,于是就在原有生意的基础上,转投其他的生意。在新生意做得风生水起之后,他们会再次寻找下一个能够发财的目标。所以我们经常能见到一些犹太富翁将几种生意做得同样出色。他们能在几种生意上均取得成功，与他们的雄心是分不开的。一个商人要想将生意越做越大，必须要有雄心，只有具有雄心，才能永不满足、永远前进。

有雄心是一件好事，这说明一个人有抱负，有宏伟的志向。有雄心的人会有坚强的意志去实现自己的目标，雄心会在潜意识中激发人的斗志。只要有雄心，目标就不再遥不可及。任何困难在有雄心的人眼中都不是困难，而是成功路上的垫脚石，有了这些垫脚石，就能更快更容易取得成功。

不同凡响的人才能赢得不同凡响的成功

犹太人做事的时候一般都喜欢出奇制胜，他们认为，使用的招数越奇特，成功的希望就越大，胜算也就越大。做生意不能随心所欲，商家必须围着商场的原则转，才能将自己的生意越做越红火。普通的方法太大众化，不容易取得成功。用别人没用过的新方法，才能从众商家中脱颖而出。

犹太人富有经济头脑，无论是小孩子赚零花钱，还是金融大亨赚取高额利润，他们都会想出一些奇特的办法将自己的生意做红火，而其中的一些方法的确使人耳目一新。他们就在种种奇特的招数下，赚取令人艳羡的财富。

20世纪70年代的石油危机影响了世界经济的发展，正在这个时候，美国的西部却传来了一个令石油界为之振奋的消息——在得克萨斯州发现了一块储量丰富的油田。接着就传出了令所有石油界人士激动的消息——联邦政府要拍卖这块油田的开采权。各石油公司闻风而动，纷纷筹措资金，因为大家都知道，谁能得到这块油田的开采权，谁就能在今后的几十年守着一个金矿，丰厚的利润将会源源不断地流入腰包。谟克石油公司也对这块肥肉垂涎欲滴，可是，仅凭自己上百万元的资产，怎么和那些石油大亨竞争呢？谟克公司的董事长道格拉斯陷入了沉思。忽然，他有了一个主意——他们公司是花旗银行的老客户，所有的资金都存在该银行，能不能请银行的总裁琼斯出面，将这块肥肉拿下呢？琼斯是美国无人不知、无人不晓的银行大王。在与道格拉斯通过电话后，琼斯答应帮助他。琼斯问他最多能出多少钱，道格拉斯表示自己最多只能出100万美元，再多的资金自己实在拿不出来了。于是琼斯就告诉他会帮助他，但是，能不能成功，就只能看天意了。拍卖的那天，所有知名石油公司的老板纷纷到场，大有志在必得的势头，谟克石油公司是最小的一家公司。拍卖会快开始的时候，琼斯姗姗来迟，石油大亨们看见琼斯到场，感到非常惊讶，难道银行巨头也要投资石油？所有的竞争者都乱了阵脚，因为，如果琼斯想买这块油田，恐怕大家都不是他的竞争对手。道格拉斯看到这一幕，心里乐滋滋的，他坐在一个角落里，悠闲地看着眼前的一切。拍卖会开始了，经纪人报出底价：50万美元，每个拍卖档的价格是5万美元。也就是说,谁想报价,只须举一下牌子,就会在原价格的基础上增加5万美元。经纪人刚报出价,琼斯就举起牌子:"我出100万美元。"所有的人都震惊了,银行巨头如此财大气粗,竟直接就将价格喊到100万美元。其他人都不敢出价了。"100万美元,7号报价100万美元,还有没有报价的?"经纪人连喊三遍之后,郑重宣布,油田的开采权归谟克石油公司所有,整个拍卖会只进行了五分钟。

就这样,谟克石油公司最终得到了油田的开采权。假如道格拉斯按照原有的思维来思考这件事,那么无论如何油田的开采权都不会落到他的手里。正是因为他用了一种奇特的招数——借助银行总裁的权势,最终得到了这块油田的开采权。

人们在遇到棘手的问题时,不要总是想着这件事自己肯定做不成,应该思考用什么办法才能将这件事做成。如果用常规的办法解决不了,就用一些奇特的招数,出奇制胜有时候恰恰就是解决问题的金钥匙。

财富并不能解决所有的问题。虽然谟克石油公司没有多少钱,但是道格拉斯凭借自己的智慧将有丰厚利润的油田开采权拿到了手。21世纪是一个智力大比拼的时代,财富已经不再是万金油,拥有智慧比拥有金钱更能在社会上生存。财富总有用完的一天,但是智慧永远也不会枯竭。21世纪的竞争其实就是智力的竞争,谁拥有赚钱的智慧,谁就能在社会上如鱼得水。如果没有赚钱的智慧,只是按照寻常的办法挣钱、用钱,终究会被时代列车甩出去。

先要有清晰的目标，才能有为之奋斗的动力

一个人有了目标后，执着地向着目标前进，这样才容易取得成功。经常变换目标甚至是没有目标的人，会在碌碌无为中虚度一生。等到他们年老的时候，回首自己的一生，就会有无限的感慨——自己的一生明明没怎么浪费，却没有任何的建树。

《羊皮卷》中有这样一句话："未来取决于目标以及为实现目标所付出的努力。"在谈到自己成功的原因时，几乎所有成功人士都会谈到一个共同的话题，那就是为自己设定目标。目标是奋斗路上的一盏明灯，是成功路上的一座灯塔，是快要放弃时的希望。如果没有目标，就像在茫茫无际的大海上航船，没有行驶的方向，没有指引的航标，只能漫无目的地航行，不知道往何处走才能通向自己的目的地。这样的航行让人心里多么彷徨，只有行驶者本人知道。

有目标的人不一定能够成功，没有目标的人一定不能成功。只要有了目标，就不会惧怕任何挫折和困难，而是会勇往直前地驶向成功的彼岸，就算有再大的风雨，也不会害怕。有了目标就有了前进路上的动力。犹太商人经常将自己的目标定为赚取大量的财富，虽然很多人认为他们的目标功利性太强，

但是仔细想一想，几乎所有人的目标背后都有一个功利性的目的。当这些目标实现后，大量的利润就会源源不断地涌来。虽然犹太人的目标看起来非常世俗、功利，但这是他们千百年来经受苦难之后唯一的救命稻草，金钱是他们唯一可以把握的上帝，只有金钱可以在他们四处流浪的时候给他们一点儿温暖。为了赚取更多的财富，他们可以忍受任何苦难和磨炼，这是他们坚强地生存下去的唯一动力。

世界上的金融巨头中有很多都是犹太人，他们之所以能取得如此大的成功，不是因为他们比别人聪明，而是因为他们能够为自己的目标不断刻苦努力。犹太人的目标简单而实用，他们所做的一切事都是为了实现自己的财富梦，所走的每一步都是为了积累更多的财富。因此，他们珍惜自己的时间，珍惜自己的生命，想尽一切办法实现自己的目标。

犹太人经常被人们称为赚钱机器，但是他们不在乎，因为他们得到了赚钱的快乐，他们喜欢这种赚钱的生活，喜欢为了追求财富而不断地挑战自己，超越自己，成就自己的快乐。当实现了一个目标时，他们会为自己设立下一个目标，从而不断地实现突破。这样的人生才是丰富多彩的人生，才是有意义的人生。

一个人的目标越高，其发展速度就会越快，他就能走得越远。没有人能为我们设立目标，自己的路还得自己走。有些人之所以不成功，就是因为活了一辈子都不明白这个道理。

第01章 不忘初心，敢想也敢做有胆亦有魄

要想让自己的人生大放异彩，就得为自己设立人生目标。只有有了目标，才不会整天混日子，生活才会有希望，工作才会有动力，这样的人生才会有意义。成功的犹太人的经历已经向我们证明，只要向着自己定的目标不断努力，目标就一定会实现。当一个人向着目标不断前进的的时候，整个世界都会为他让路。

不走老路，找到属于自己的出路

一个随着大流走、时时刻刻都在模仿别人的人是永远不会引人注意的，只有保持特立独行品格的人才能在竞争激烈的商界崭露头角、脱颖而出。这个真理不仅适用于生活中，也适用于商场上。翻版的东西都是山寨版，只能流行于一时，终究会随着时间的推移淹没于时间这个巨大的洪流中。只有那些能够保持特立独行、生产自己商品的商家才能久经时间的洗练，永不消逝。

犹太商人经过商海中长时间的摸打滚爬之后，他们已经明白了，要想在激烈的竞争中脱颖而出，只有保持特立独行，这样才能在众同行之中脱颖而出，尽早地占有市场。我们看一下成功犹太人的传记，就能从中找到一条规律，那就是他们能够想别人不敢想，做别人不敢做。别人不敢做的事情未必就是不能做的事情，别人都做的事情也未必就是正确的事情。别人没

有想过的事情，不敢做的事情，你做了，那么你就有极大的可能脱颖而出，就会在别人没有看到这个商机的时候大赚一笔。

19世纪中叶，美国的加利福尼亚州掀起了淘金热，淘金的人们蜂拥而至，有的人发财了，有的人收获寥寥，有的人血本无归。在众多的淘金者中，有一位名叫亚默尔的年轻犹太人，他也想在这里淘到金子。在这里淘金唯一不便的就是喝水的问题，要想喝到水，必须到几里地之外的一个小山沟里才能找到水。于是他敏锐地感觉到这是一个巨大的商机。他想到自己来到这里本来就是为了赚钱，淘金只是手段，最终的目的还是赚钱。于是他就决定不再淘金，而是以卖水为生。他将自己全部的积蓄都用在开采水源上，终于，他打出了第一口井，然后他又将这些水滤净消毒，使之成为人们可以饮用的食用水，随后，他开始卖水。他的同伴都对他冷嘲热讽，他们认为他这样最后什么也得不到。但是亚默尔认准了目标，他觉得这样可以为自己赚到钱，所以他没有放弃自己的想法。而且，他又专门进了一些小食品、饮料等，就这样，他在短短的时间内就赚了8000美元，当不少淘金者衣食无着的时候，他已经完成了原始的资本积累。后来，凭借自己独特的眼光，他又做成了其他几项生意，一跃成为美国的商业巨子。

亚默尔的成功经验告诉我们，想要成功，跟着大众走是行不通的，只有走出一条真正适合自己的路，才能在商场上不断成功。特立独行的人往往有敢为天下先的气魄，畏首畏尾、不

第01章　不忘初心，敢想也敢做有胆亦有魄

敢前进的人是不会在商场上有很大成就的。一味地模仿别人，跟着别人的脚步走，只会拾人牙慧，成不了气候，商机早就丧失了，模仿的人又那么多，怎么可能还有很多的利润等着我们去赚呢？

爱因斯坦曾说："想别人不敢想，你已经成功了一半。做别人不敢做的，你会成功另一半。"所以，要想成功，别人走过的路只能借鉴，就像科学领域只能出一个爱因斯坦、商业上只能出一个洛克菲勒一样。成功人士的那些事只能是给你的人生作参考的，他们的事情终究还是他们的，不能成为你的。这同样适用于商业领域，一个商家要想让自己的产品在琳琅满目的商品中吸引顾客的眼球，就必须要有自己的特色，千篇一律的商品只会让人感到厌烦和麻木。所以，商家应该紧紧抓住顾客的心理，不断地另辟蹊径，不断地推陈出新，只有这样，才能占据商场上的制高点。

每个人都有一条自己该走的路，千人一面的人，是不会得到人们欣赏的，只有特立独行才能吸引人们的注意。好多人不敢特立独行就是因为他们没有敢为天下先的勇气。抛开自己的成见，删除自己的怯弱，自己的人生还得自己来书写，我们不要成为和别人一样的人，为什么不将自己的特色展现出来，为什么不让自己的优点长处凸现出来？既然不想被大众埋没，我们就得有自己的特色，就得有自己值得骄傲的地方。

在商场上，特立独行的做事风格同样能令人独领风骚，尝

到大大的甜头，很多人之所以能成功，就是因为他们能够想出别人不敢想的好主意。现在的社会是一个多元的社会，只有你想不到的，没有你做不到的。什么东西都可以拿来拍卖，就算是不值分文的东西，也可以在有创意的家伙手中变得价值连城。

所以，要想在商场上脱颖而出，赚取大量的利润，只有一条路可走，那就是走自己的路，保持特例独行的风格。成功是不可以复制的，任何成功者所走的路都是一条自己原创的路。

有魄力和胆识，成功必然靠近你

在经商过程中，商家要想成功赚大钱，就必须有胆量敢于冒险，而且，冒的险越大，成功的概率就越大。犹太人在经商过程中，只要他们觉得做某件事有利可图，就算是有再大的风险，他们也会积极去做，这就是犹太人的胆量。有些人畏首畏尾，看好某件事，可是自己实在是没有胆量去尝试，于是成功的机会就只好这样与他擦肩而过了。

商人要想成功，就必须具有胆量，有了胆量你才会让自己去冒险，有了胆量你才会让自己放心大胆地去做某事。有了胆量，你就成功了一半，另一半就是有一个武装了的大脑。

著名的股票经纪人约瑟芬斯，在他25岁的时候，意气昂扬，抱着一心成为大富豪的想法，辞去了稳定的工作，专心投入股票交易中，还不到十年的时间，他就拥有了上百亿元的资产。在他辞去工作的时候,他手中仅有的资产是500美元,他就用这做资金,开始创立自己的事业。当年的他充满了灵气,当他过了短暂的适应期后,凭借炒股他赚了35万美元。胜利之火冲昏了他的头脑,在买下一家暴跌的实业股份公司的股票后,转眼间,他的希望成了泡沫,赔得只剩下200美元。在这样的重锤之下,他痛苦了一周。就在大家以为他要退出股市的时候,他又重新鼓起了勇气,重整旗鼓的他遍访各种炒股能手,涉足各种炒股书籍,掌握了股海的变幻形势。回首往日的骄人成就,他内心激起了千层浪,于是他又重新投入到股海中。这次的他似乎变了一个人,他变得沉稳,不再像以前那样不经慎重的考虑就直接作决定。他细心地观察股情,进行了细致的分析后,他发现未列入证券交易所买卖的股票实际上有利可图。这些股票利润小,被金融大亨们甩在了一边,但是这些股票的风险小,而且持续稳定,于是他就借钱将其买进,结果,不到一年的时间,他净赚了45万美元。他开设了自己的股票公司,但是他觉得自己的知识不够用,于是他就去图书馆进行学习。4年之后,他成为了一个知名的股票经纪人,他每月的收入达28万美元。这年他才29岁。不久,动乱使得国内的经济陷入了一片恐慌,他预计经济危机马上会到来,于是迅速地将自己手中的股票一甩而光。经济危机随后就爆发了,股价大跌,他仅这一项便净赚了500万美元,在别人将股票大量售出的时候,他又看好形势,逐渐买入,直到经济危机之后,他又将这些股票卖出,就这样,他稳赚不赔地逐渐积累起了自己的财富。

约瑟芬斯一开始凭借自己的胆量小赚了一笔,但转眼之间,这些财富就如昙花一现,消失在茫茫的股海中。但是约瑟芬斯并没有就此消沉下去,他总结自己失败的教训,知道是因为自己的知识不够用,所以他一心学习专业的炒股知识。在他学有所成之后,他又重新投入股市,这次他改变了以前自己的那种做事习惯,在买进卖出股票的时候,不再是仅凭自己的胆量做事,而是运用武装了的头脑,审时度势,从而一步步地积累起了自己的财富。

商人在商场上,尤其是在炒股的时候,最需要的就是胆量和智慧。只有胆量,就算小胜,那也只是一时,长久不了。只有智慧没有胆量,那再多的财富也和过眼云烟一样,在你的眼前飘过来飘过去,但是就是不能进入你的口袋。只有那种既有胆识同时又有智慧的人才能将这诱人的财富装进自己的口袋。

所以,在经商的时候,商人一定要有这两样东西,否则自己最终可能什么也得不到。犹太商人在经商过程中,他们认为冒险是必需的,所以,在看中某件事可以为他们带来利益时,他们就会不惜一切地去冒这个险。他们一直以冒险家自居,就是因为他们有过人的胆量,失败了有什么关系,大不了重头再来。他们不仅有胆量,更重要的是他们有智慧,他们会仔细辨别出哪种风险是值得冒的风险,只有是值得冒的风险,他们才会拼尽全力去尝试。

犹太人的胆量和智慧，真是值得所有想成功的商人学习。

心若强大，不惧敌人多寡

人生处世如行路，经常会有山水阻隔。有些人在遇到阻碍时会开山架桥，既费时又费力；有些人只是轻轻松松地转一个弯，就将困难克服了。做生意也是同样的道理，有时候自己费尽心机地去做某件事，最终却做不到；而有时候让脑筋转个弯，就能轻松地将问题解决。四两可拨千斤，以小可以博大，这是一种智慧。

犹太人善于以力打力，他们会借助别人的力量帮助自己实现目标。一些商家不懂得以小博大，经常用自己的笨办法来实现目标，这样不仅浪费时间和精力，而且经常是事倍功半。所以商人应该逐渐培养以小博大、四两拨千斤的智慧。只要拥有这样的智慧，就能很容易达到自己的目标。

世界著名的利普顿公司，为了使自己的茶叶尽快打入市场，没有像其他商家那样使用老套的宣传方式，而是别出心裁地设计了一场精彩的表演。他们买来几只小猪，用缎带精心打扮了一番，并插上"我要去利普顿"的字样，然后将它们赶到闹市上，引起众人的注意，达到了让商品家喻户晓的目的。这种别出心裁的设计，让人们一下子记住了"利普顿"的名字，他们成功打开了茶叶市场。

在现今的市场竞争中，除了商品质量和销售价格的竞争外，营销策略也成为众商家的一种竞争手段。精明的犹太商人已经将这一点看得很清楚，犹太商业圣典《塔木德》经常告诫人们，经商讲究的是智慧，智慧是用财富买不来的。很多白手起家的犹太人能够成功，并不是靠时刻不停地攒钱，而是凭借四两拨千斤的智慧。

著名的犹太富豪迪尼斯夫在销售房子的时候，发现了一个有趣的现象——男女在买房子的时候，经常表现出不同的需求。男人要求房子宽敞明亮，要有舒适感；而女人要求房子富有个性，可以使自己感到自由。在发现这个现象之后，迪尼斯夫从中得到了启发，想到了一个绝妙的销售宣传方案。他把广告部的专业人员找来，对他们说了自己的想法，与他们进行交流，找到了一个合适的方案。基于男女购房的不同需求，他们设计了分别针对男人和女人的两个不同的广告方案。针对男人的广告画面是：从一幢小屋的窗户里伸出一双女人的手臂，迎接疲倦归来的男人回家。针对女人的广告画面是：一个美女平躺在房子中间，旨在凸显她与房子浑然一体。迪尼斯夫慎重考虑后采用了这个方案，并派人将这两个广告拍出来，送去审核，审核通过后，他亲自将片子送到电视台。很快，这两个广告在电视台的黄金时间播出了，一个星期后，迪尼斯夫的公司名声大振，公司库存的房子在短短几个月内销售一空。

迪尼斯夫这种以小博大的智慧为公司赚取了不少利润，他之所以能想出富有创意的方案,就是因为他能够从小处着眼,看见细微之处隐藏的商机。也是因为他的这种智慧,他最终成为举世皆知的大富豪。犹太人就是运用这种智慧在生意场上如鱼得水的,他们能够赚取大量的财富与此有很大关系。

以往,四两拨千斤经常被用在军事上。明明是力量悬殊的大战,几个回合之后,结果却让人大跌眼镜。这样的战役经常是人们津津乐道的故事,经久不衰。现代的商场和战场一样残酷,在这场没有硝烟的战争中,有些人虽然实力雄厚,却输得一败涂地;也有些人虽然囊中羞涩,却凭借智慧叱咤风云。

21世纪的竞争是智慧的竞争,谁拥有过人的智慧,谁就能在商海浮沉中淡定自如。犹太人的成功经验或许可以为我们补上这一课。有些时候,不要被眼前的困难吓住,脑筋转个弯,往往可以四两拨千斤。

第02章

打破禁锢,立足高远有超前意识

打破思维束缚,别让任何事限制你的人生

人在追求成功的路途中,最大的藩篱就是自我设限。自我设限是通往成功路途中最大的绊脚石,即使是成功人士也难免会被自我设限所羁绊,更不要说普普通通的我们了。犹太人常常强调人要突破自我设限,所以犹太人可以到达别人到不了的高度,可以享受别人无法享受的生活。

一个美国人、一个法国人和一个犹太人同时被关进监狱三年,监狱长在他们服刑之前,大发慈悲,说可以满足他们每人一个愿望。美国人要了三箱雪茄;法国人喜欢浪漫,要了一个漂亮的女子;而犹太人要了一部可以和外界沟通的电话。三年后,美国人先出来,他鼻子里、嘴巴里、耳朵里全是雪茄,并使劲喊:"给我火。"原来,他只记得要烟,忘了要火了。法国人一手抱着孩子,一手握着老婆的手,老婆另一只手也领着一个孩子,肚子里还怀着孩子。而犹太人兴奋地跑出来,对监狱长说:"谢谢你,我的生意不仅没有破产,还赚了200%,现在我也满足你一个愿望,说吧,哪怕是要一辆劳斯莱斯我也给你。"

这个笑话估计很多人都不陌生,犹太人正是因为没有将自

己局限在只有几平方米的监狱里,才能不断将自己的事业推向成功。如果犹太人也将自己局限在与世隔绝的牢笼里,自我设限,也许笑话就不会这样引人思考了。或许犹太人会经不起时间的煎熬,因为整天担心自己的事业,最后急火攻心,抑郁而死。

自我设限是人给自己造的一间心灵上的房子,四面全是铜墙铁壁,自己的心就这样被困在了里面,根本就出不去。自我设限困住了人们所有的能力,羁绊了人们前进的脚步,一些人甚至连去尝试的信心都没有,就这样不断地将成功拒之门外。一些成功人士之所以能不断取得成功,就是因为他们不会为自我设限。只有突破自我设限的人才能发挥出巨大的潜力,创造出无穷的财富,在事业上不断取得成功。在这方面,世界上最富有的民族——犹太民族就做到了。犹太民族在第二次世界大战的时候遭受了重创,但即便如此,他们也始终没有将自己定位于永远受人欺负的地位,他们没有为自己设限,而是不断为自己寻求新的定位。犹太人自《圣经》出现以来就一直只有受苦的份儿,但是上帝并没有遗忘他的这群子民,于是他将获取财富的智慧赐予了这些子民。犹太人追求财富的智慧全世界无人能及,他们在追求财富的路上,从来不会告诉自己"这件事好像不容易办成""这件事的确有难度""估计自己得搞砸了"。他们不允许自己这样懈怠,不允许自己不成功。在他们看来,世界上的事只有想不到的,没有做不到的,自己肯定能完成所要完成的任务。

自我设限扼杀了人们很多的才能，它使人们被局限在一个狭小的圈子里而无法突破。所以，人只有突破自我设限才能成功。想要突破自我设限，就要经常鼓励自己，哪怕不用言语，只要在内心给自己加油鼓劲就可以了，把"我不行"这三个字从你的词典中剔除吧！就是因为它，你丢掉了无数展现自己才华的机会，失去了很多提升的机会；就是因为它，你才整天默默无闻、碌碌无为。是时候突破自我了，不在今朝，更待何时？

只有创新才能带来进步

人要想取得成功，就得在做事的时候有创新的思维。一个人没有创新的精神，就会让自己一直固守在旧有的思维定式中，没有任何的进步。一个企业没有创新精神，就会一直止步不前，直到渐渐地被其他企业淘汰。犹太人在经商的过程中发现，人只有拥有创新的精神才能不断地取得成功。

无论是在自己的经商实践中，还是在平时的工作生活中，犹太人都具有很强的创新能力。而创新的基础是要有一颗好奇心，只有具有好奇心的人，才会具有创新精神。一个对任何事都感到习以为常的人，是无法从熟悉的事物中发现新事物的。

人只有对某件事情具有好奇心，才会不断地研究下去。没有好奇心的引导，人根本就谈不上创新。犹太人在做事的过程中，善于打破常规，不会因循守旧、墨守成规。这也为他们带来了很多机会。犹太人的想法是：人是活的，其他没有生命力的制度法律都是死的，只要有弊端，人就可以改变。如果用常规方法不能解决问题，就应该用创新的思维方式思考，改变以往解决问题的方式，或许很快就能将问题解决了。

一天，物理学家、工程师和画家三个人想比比谁的智商高，他们各说各的厉害之处，但是谁也不服谁，于是他们决定进行一场比赛，以此来评判三个人谁的智商更高。他们为此找来了一个裁判，让他出个题来考考大家。于是，考官将他们带到了一座高楼下面，并且给他们每人一个气压计，让他们用气压计测出这座高楼的精确高度。比赛的规则是，不管用什么方法，只要能测出楼的高度，且方法最有创新性，就是赢家。物理学家用气压计先测出了楼下的气压，又爬到楼顶上，测出了楼顶的气压，然后他根据气压公式算出了楼的大体高度。工程师不慌不忙地爬上了楼顶，探出身去，看着手表的秒针，然后让气压计自由落下，他准确地记住了气压计下落的时间并根据自由落体公式算出了楼的高度。工程师和物理学家在等着看画家的笑话，因为他们不相信画家还有什么公式可以运用。只见这位犹太画家非常镇定，他想，自己既然用平常解决问题的方式无法将问题解决，那么只好用别的办法了。于是，他敲响了楼下看楼人的门，向他询问楼的高度，报酬就是自己手中的气

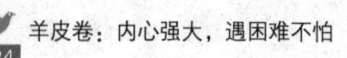

压计，看楼人告诉了画家楼的准确高度。比赛的结果自然可想而知——当然是画家赢了。

物理学家和工程师因为气压计的存在，忽视了其他解决问题的方式，被气压计和自己的学识束缚住了思维，而画家却能跳出这些固有的思维方式，用创新的思维方式来思考解决问题的新方法，这就是他能够取胜的原因。

许多科学上的发明就是这样诞生的。我们在日常的生活中也应该学会用创新的思维方式解决我们所遇到的问题，在解决问题的时候，多问问自己：只有一种解决问题的方式吗？难道就没有更好的解决办法了吗？变换一下思考问题的角度，或者变换一下思考问题的前后顺序，或许我们就会从熟悉的问题中找出更有效的解决问题的方法。

只要是智力正常的人，就会有创新思维，只是很多人的创新思维一直处在未觉醒的状态，等着自己的主人将其唤醒，这就需要不断地进行思维训练。在平时解决问题的时候，不要只让自己的思维停留在原有的解决问题的方式上，不断地锻炼自己的创新思维能力，我们就会发现其实很多问题都有更好的解决方式。只要持之以恒地锻炼，在不远的将来，我们的生命轨迹也许会因此而改变。

破除惯性思维是解决问题的关键

思维定式是一种束缚人思维的惯性思维模式,常人很难将其打破。运用思维定式,我们就可以解决一些类似的问题,不用再费劲地去想什么解决办法了,思维定式可以让我们触类旁通,举一反三,在学习上非常有用。但是,思维定式也有许多弊端,有些时候人们会被思维定式束缚在一个圈子内,有些人不仔细研究新遇到的问题和以往的问题有什么区别,只是一味地按照以往的方式去解决问题,这样就会导致失败。

思维定式似乎已经将人们的想象力、创造力全部扼杀了。人们会因此丧失许多创新的思考方法,同时也会因此而失去很多的成功机会。犹太人与其他民族的不同之处就是他们善于打破常规,善于打破思维定式,从而找出更具创造性的方法。

犹太民族是一个很特别的民族,他们创造了许多世界第一,如第一个在全国范围内建立其销售网,第一个创造了传销模式等。在商业领域,只要谈到犹太人,人们就会有说不尽的话题,这不仅是因为他们拥有高超的赚钱能力,还因为他们拥有独特的思考问题、解决问题的办法。犹太人不会被思维定式所束缚,他们有创新的思维,敢于打破常规。下面这个例子,或许能让我们体会到犹太人是如何突破思维定式的。

一个犹太人走进一家银行,来到贷款部,慢慢地坐了下来。贷款部的经理一边打量着这位先生的穿着——名牌的西服、高级的皮鞋、昂贵的手表，还有镶嵌着宝石的领带夹，一边问道："请问先生有什么事吗？""我是来借贷的。""请问先生要借多少钱？""1美元。""1美元？"贷款部的经理吃惊地问道。"嗯，不错，就是1美元。可以吗？""当然可以，只要你有担保。""这些担保可以吗？"这位先生边说边拿出了所有的珠宝和债券，"总共是50万美元。""先生，像您这种情况，可以借三四十万的。为什么您仅借1美元呢？""是这样，在来你们这家银行之前，我去过几家公司，他们的保险费都很贵，只有你们这儿的担保费便宜，一年才需6美分。"

这就是犹太人打破思维定式的举动，不想交不菲的保险费，可是还得保证自己财产的安全，于是他想到了用担保的方法将自己的财产担保出去，这样既可以省下一笔高昂的保险费，同时还能保证自己财产的安全，鱼和熊掌可兼得。这就是他们闻名世界的原因。

思维定式束缚了人的头脑，左右了人的思维，羁绊了人的步伐，这就是很多人无法创新的原因。只有敢于创新的人才会创造出骄人的成绩。无数犹太人在自己的事业领域创造出令人艳羡的成绩。不论是商业领域，还是学术领域，杰出的人才都是数不胜数，爱因斯坦、马克思等杰出的学者，就是因为具有创新的意识，才在他们精通的领域中为人类的进步作出贡献。

无论做什么事，都应该有打破思维定式的意识。思维定式不是一两天形成的，同样，也不是一下子就能打破的。思维定式有利有弊，关键还是在于自己的判断。当思维定式的确可以帮助你的时候，它会让你事半功倍，可是，当思维定式不适合你的时候，它就可能成为你的障碍了。犹太人在从商的过程中，已经将自己锻炼到可以遇山就绕的境界，就是因为他们有敢于创新的精神和行动，所以犹太人不会循规蹈矩、故步自封。

当今社会处于一个大变革的时代，一个人如果老是固守着以往的旧观念，就不会有什么突破，永远也不会做出什么惊人的成绩。现在，要想在社会上取得成功，就得敢于打破陈旧的思维定式，不要老是在一种方法上打转，方法不当就赶紧更换，否则，等你转过弯来，早就被别人捷足先登了。

要想成功，就得敢于向陈旧的观念发起挑战，就得敢于向思维定式说"不"如今的社会与以往不同，世界在变，人们看待它、接受它的方式也得变。否则，下一个出局的就是你！

先有疑问才有不断涌出的新思路

问题是思维的起点，是思考的动力，一切新的发明都是从有问题开始的。因为，有了问题，人们才会主动去思考，才会想尽办法将问题解决。科学上就是因为有了问题，才促使各项发明层出不穷，为人类的生产生活带来诸多便利。犹太民族就是一个善于提出问题的民族。

犹太人非常重视知识，更加重视问题意识的培养，他们把仅有知识而没有才能的人比喻为"背着许多书本的驴子"。他们认为思考比学习知识更加重要。学习应该以思考为前提，如果没有思考、没有问题，知识的学习也只能是表面的学习。正如孔子曾教育弟子说："学而不思则罔，思而不学则殆。"犹太人对知识和思考的见解与孔子的思想不谋而合。犹太人认为，思考是由一连串的问题组成的，思考越多，问题就越多，对知识的理解也就越深。知道得越多，你的疑问也就越多，你提出好问题的概率也就越大，你就更容易获得成功。

著名的数学家希尔伯特就是一个善于提出问题的人，他在1900年第二届国际数学家大会上作了题为《数学的问题》的报告，一举提出了23个问题。这些问题，后来被称为"希尔伯特问题"，它们的提出有力地促进了数学的发展。后来，希尔伯特总结道："如果一门科学分支能凝结出大量的问题，它就充满了生命力。如果问题缺乏，则预示着独立发展的衰亡或终止。"

爱因斯坦说："提出一个问题往往比解决一个问题更重要。因为解决一个问题也许仅仅是一个科学上的实验技能而已，而提出新的问题、新的可能，以及从新的角度看旧的问题，则更需要有创造性的想象力，而且标志着科学的真正进步。"只有能够经常提出问题的人，才能找出解决问题的新方法。犹太人深知提出问题、找到好方法的重要性，于是一些新的发明、新的成就在犹太民族中不断产生出来。

问题是从生活中提取出来的，是从一系列的实践中发现的。犹太人就是一个不断从实践中提出问题、又不断将问题解决的民族。犹太民族的这种做法不仅为他们迎来了学术上的繁荣，同时也为他们创造财富提供了条件。

作为一家五金商行的小职员，犹太人汤姆只想当一名称职的员工。他们店里的生意不是很好，有很多积压的产品，因为已经过时了，所以根本就没有人过问这些产品，老板非常忧心。汤姆想，反正也不指望这些商品挣钱了，为什么不将它们贱卖出去？于是，他就将这个想法告诉了老板，老板听到这个主意后，非常满意，因为他也很想将这些过时产品推销出去，不然，放在库房里既占地方，还让人看着堵心。于是他接受了汤姆的建议，将这些过时的商品摆到一张大台子上，每样都标价10美分，让顾客可以自己挑选喜欢的产品，人们一听这么便宜，立刻将这些商品抢购一空。于是老板就将更多的过时商品摆在了台子上，很快，积压已久的过时商品就销售完了。汤姆觉得这就是一种销售策略，于是他建议老板将这个点子用在店内所有的商品上，但是老板担心这样做会让自己赔本，没有接受他的建议。于是汤姆决定自己单独开一家这样的五金店，他找来合伙人，经过努力，终于建立了自己的全国连锁店，赚取了大量的利润。汤姆原来的老板见汤姆取得这样的成功，非常后悔自己没有听他的建议。

汤姆这所以能够成功，就是因为他能提出新问题，并通过自己的思考找到问题的答案。他没有被传统的营销方式所束缚，而是找到了另外一种解决问题的方式。"每件商品的标价都是10美分"，虽然很多商家不看好这种营销方式，但是汤姆用自己的实际行动证明了这种营销方式的可行性。

在生活中，如果你只知按照以往的老路走，没有任何创新思想，一些新的发明就会在你的忽视中与你擦肩而过。遇到问题多问自己几个为什么、是什么，不要总是依照以往的经验解决，否则你的创新能力就会被扼杀在思想的摇篮中。

犹太民族是一个不断追求创新的民族，他们的创新能力，是在不断提出新问题、并不断试验新的解决办法的过程中练就的。在科学上，很多人就是因为少问了一个为什么，而与一些重大发明失之交臂，当这个新发明被别人研制出来的时候，自己只有后悔的份儿了。很多时候，不是你想不出好方法，而是你根本就没有想过。一个民族只有不断地创新才能生存下去。而创新需要的是思考，需要的是不断发现问题、提出问题的能力，还有不断寻求新的解决办法的能力。

你所不知的领域往往潜藏着巨大的机会

现在社会上什么生意好做，其实不能简单地主观评定。有些生意看着是冷门，可能也存在着巨大的商机，有时候冷门生意做起来，甚至可能比热门生意还火。犹太民族中有些人就是瞅准了冷门中的商机发了大财的。有时候，人要成功，需要的就是这种另类思维。

犹太"商经"中有这样一个奇怪的论点："冰几乎不能用来换取任何东西，而几乎不用任何东西却能换取冰。反之，钻石几乎没有使用价值，然而往往需要用大量的其他货物来换取它。可见我们对于财富的某些观点有时是错误的。"根据犹太"商经"的理论，只要你有经济头脑和经营意识，即使在大家看来分文不值的东西，你也一样可以依靠它成为富翁。犹太商人图德就是这样凭借冷门生意成功的商人。

1783年，图德出生于波士顿一个普通的家庭。图德的三个哥哥都毕业于哈佛大学，家里一直期待他能继承这一传统，但是他对这种生活不感兴趣。13岁时，他放弃学业，学做香料生意。1805年，图德参加了堂兄德纳举办的一个宴会，宴会中他和堂兄开玩笑地讨论了从附近的弗雷什庞德将冰运到南部各港口的可能性——冰在那些港口可以卖高价。此后，图德一直在思考将冰运往各大港口的可能性，他还亲自用船将冰运往马丁尼克岛。图德还一直在研究如何取冰以及可以隔热的材料，他甚至将这些写成了《冰窖日记》，书中已显现出成功人士的创业风范。经过了无数的坎坷，图德的生意终于逐渐兴旺起来。19世纪20年代中期，图德的生意很好，但是他仍在坚持奋斗。在此期间，每年约有3000吨的冰用船从波士顿运出，而其中三分之二的冰是他运出的。竞争在加剧，为了能在竞争中占据更加有利的地位，图德不断降低自己的成本，以便击败竞争对手。到19世纪中期，图德的"冰王"地位已经牢固建立。1856年，图德用船共运了14.6万吨的冰到菲律宾、中国、澳大利亚及美国南部各州等地。图德就是这样依靠谁也不重视的冰发了大财。

图德的成功为我们树立了榜样，有些时候，冷门的东西未必就是不能赚钱的东西；人们随处可见的东西，可能就蕴藏着无限的商机，等待有心人去发现并开发。有些时候，开发冷门未必是很难的事情。冷门具有强大的广泛适用性，无论什么人，都能找到一门适合自己的冷门行业。当你在前进的旅途中遇到无法克服的困难时，你可以变换一下思维，冷门的生意可能会在这时候帮助你渡过难关。冷门的生意会让你少许多的竞争者，让你能安然走过独木桥。

精明的犹太人能够在冷门中看到成功的希望，所以很多成功人士都是通过冷门取胜的。

做冷门生意需要人有强大的意志和坚定的信心，因为任何成功都不是一蹴而就的，而是有一个慢慢积累的过程。冷门是一种机遇，同时也是一种挑战，想要驾驭它，你必须得付出一定的精力。冷门带给人们的是一种巨大的利益，冷门生意做得好，终有一天，会成为热门；热门过热，从事的人太多，有一天也会变成冷门。

眼光长远，懂得放长线和未雨绸缪

人贵有超前意识，拥有超前意识就是能够对未来某行业在现有的条件下会发生什么样的转变作出预测，从而对资金的使用、资源的分配作出适当的调度，使自己能够赚取大量的利润。这与我们的古话"凡事预则立，不预则废"意思相通。作为金融界的翘楚，犹太人更是将其视为赚钱不可或缺的技能之一。只要拥有超前意识，你就能在危机到来之前作好准备，在危机到来时就不至于手足无措了。

犹太人有强烈的超前意识，他们能从昨天的历史、今天的现实中发现明天的未来，发现明天的发展趋势。如实业家蒙德，在人们已经习惯每天工作12小时的时候，首先实行了每天8小时的工作制度，并创造了更高的工作效率。犹太人有一句名言："别人在睡觉的时候，我们在快速前进。"这就是精明的犹太人能够不断聚拢钱财的奥秘。

超前意识会让你在黑暗之中看到黎明的曙光，会让你在心情极度低落的时候看到胜利的希望。超前意识是人类眼光的指引，超前意识会让商人在第一时间统领全局，步步为营，主动地引导世界的潮流。只有具有超前意识的人，才能在竞争中立于不败之地，才不会被时代淘汰。

犹太商人的超前意识让全世界的人瞠目结舌。犹太商人很早以前就得出重要的商情信息——世界上有两大行业会经久不衰，这就是关于女人的行业和食品行业。于是他们在这两个行业上投入了很多的精力，并因此收获了丰厚的利润。至今世界上这两大行业仍是犹太人操纵大权。我们不得不佩服他们这种超前的意识和视角。犹太人对教育业也有一种超前的意识，他们很早就意识到金钱是不能带走的东西，只有知识会永远伴随人的一生，所以他们从很久以前就已经扫除了文盲，而当时，全世界还有无数的人是文盲，这不能不让我们佩服他们的超前意识。

生命的价值和质量是由我们自己决定的。三年前你的思想和行动决定了你今天的生活；同样，你今天的思想和行动也会决定三年后你的生活，这些都是息息相关的。如果你有超前的意识，今天的你想着明天的你，今年的你想着明年的你或者后年的你，你就会与身边的人不同，取得巨大的成就。

一些有成就的犹太人，就是凭借自己的超前意识在社会上独树一帜、独领风骚的，他们能够根据当下的形势分析出未来。超前的意识和思维，能帮他们尽早地作出预测，采取行动，从而把握未来，让他们成为事业上的先行者。

哈同是一位富有传奇色彩的犹太商人。1872年，21岁的哈同从印度来到香港谋生，但未有成果。于是，1873年，他又来到上海滩。最初，他只是想在沙逊洋行做普通职员，后来，哈同凭借着自己的聪明才智渐得赏识，逐渐步入洋行的上层。1886年，他与罗迦陵结合，更是让他如虎添翼。哈同认为房地产在以后肯定会大有前途，于是他在房地产业发展起来，渐渐地变成了上海房地产界的领军人物。哈同控制着上海房地产的行情，在地产行情的潮起潮落中，无数的财富流入他的腰包。1931年6月27日的上海《时报》载文："哈同以敏捷的手段，一忽儿卖，一忽儿买，一忽儿招租，一忽儿出典……先生转移地皮操奇取胜，则其价日涨，至有行无市。"这就是哈同超前意识的真实写照，正是这种超前意识，使他不断地赚取财富。

犹太人事业上的成功是很复杂的，但众多的因素中少不了超前意识。因为有超前意识，所以他们不会将自己禁锢在以往的条条框框中，他们会寻求新的解决办法和解决途径，实现创新。很多成功人士的经验就是走一条自己的道路，他们某行业中占得了先机、狠狠地赚了一笔之后，人们才会注意到这个行业赢利高，并蜂拥而至，这时候先行者就会逐渐退出这个圈子，寻找下一个生财之道。这正是他们的超前意识的体现。

第03章

创造财富,眼光独到把握点滴商机

培养正确的金钱观,理性对待不刻意强求

犹太人一致认为金钱是他们世俗的上帝,世俗的上帝要比精神的上帝实在得多。在犹太人眼中,金钱无所谓高低贵贱,没有善恶之别,如果硬要说有什么区别,那就是使用者的善恶了。金钱在善意的人手中,就会生钱,而且会被用到正确的地方;如果金钱在恶人的手中,那么,把它从这些恶人的手中赚回来,钱就会再次变为"好钱",这也算是做了一件善事。犹太人对金钱的崇拜不亚于对上帝的崇拜,他们甚至直接将金钱定义为上帝,这种赤裸裸的对金钱的崇拜,让他们赚取了世界上无数的财富,让其他人羡慕不已。

在第二次世界大战中,有一个民族经受着磨难,历经杀戮而不被消灭,历经迁徙而不被文化同化,反而主宰世界的经济文化,这就是坚强的犹太民族。在二战的时候,无数的犹太人背井离乡,在异乡过着担惊受怕的日子。在这种艰难的日子里,正是金钱让他们得以保全生命,保住尊严;正是因为有了金钱,他们才在世界上占有不容忽视的一席。正因如此,犹太民族对金钱的崇拜才达到了痴迷的地步。犹太人的圣典《塔木德》一书中说:"钱是没有臭味的,它是对人类安逸生活的祝

福。"由此我们可以看出犹太人是唯金钱至上的，这也正是犹太人称霸金融界的原因。犹太人认为金钱是上天派来的天使，是上帝赠予的礼物，金钱没有好坏之分，只要有利可图，只要不违反法律，所有的钱都是可以赚的，他们的目的只是让钱生钱。

在犹太人的思想中，主观对钱的性质进行定义是非常愚蠢的行为，同时也是一种无效的行为，因为金钱并无善恶好坏之分，只是用它的人不同而已。"人有钱就会变坏"，在犹太人的眼中这种说法是不恰当的。因为他们认为，使人变坏的并不是金钱，而是人的贪婪，贪婪是使人变坏的最根本的原因。如果一个人心境是好的，那么再多的钱也不会把他变坏。只有贪婪的人才会在金钱面前变坏，为了拥有更多的钱，他们会不择手段。金钱的使用是分善恶的，既可以用钱去倒卖军火、贩卖人口，也可以用钱去建造学校、教堂，怎么用钱，将钱的价值最大程度地发挥出来，就取决于持有金钱的人的态度了。

犹太人对赚取金钱的态度是狂热的，虽然许多人也有这样的想法，但很少有人会将自己的意图挂在嘴边，而犹太人会将金钱观直接展现在我们面前。他们在有了明确的目的后，会全身心地投入赚钱的过程中。犹太人对金钱的追逐态度，为他们带来了举世瞩目的财富，使他们成了世人关注的焦点。经过"二战"，他们不但没有被打压下去，反而更加强盛，这与他们的金钱观不无关系。他们知道，在这个世界上，只有金钱是一直适用的。对犹太人来说，金钱是他们须臾不可少的东西，所以他们一直将金钱作为生命中追求的东西。

批评金钱的人经常批评有钱人的自私，但不能否认的是，金钱的确是推动世界前进的动力。犹太人对金钱的追求简单而又实用，他们知道，钱可以为他们带来很多他们想拥有的东西，所以他们不会停止追逐金钱的脚步。

犹太人有一句经典名言："身体依靠心而存在，心则依靠钱包而生存。"睿智的犹太先哲们很久前就认识到了金钱的重要性，也正是因为有先哲们这种明智的教育理念，所以，第二次世界大战时，犹太民族在希特勒的白色恐怖下，没有被打击殆尽，在他们最困难的时候，是钱给了他们最后的支持和力量。金钱给他们带来了上帝的温暖。聪明的犹太人在经历了无数风雨后，终于迎来了世界的曙光，金钱为他们博得了世界的敬佩。这也是在他们经历无数风雨后，上帝给他们最好的礼物。

掌握了财富渠道才是掌控了财富的来源

犹太人是世界上最厉害的商人。据不完全统计，现在居住在美国的犹太人大概有580万人，而在以色列仅有460万人，这是一个惊人的数字，居住在自己国家的人居然不如迁居到其他国家的人多。美国是世界经济大国，"全世界的经济大权掌握在美国人手中，而美国的经济大权又掌握在犹太人手中"，无论这是不是真实的，都可以从一个方面证明犹太人做生意的成功。

犹太人做生意技高一筹，因为他们已经将世界的主要赚钱来源分析得一清二楚。他们将赚钱的目标锁定在女人和嘴巴上。女人是金钱的实际使用者，世界以男人为中心，而男人又以女人为中心，金钱始终在围绕着女人转。他们对此的总结是：男人是赚钱的人，他们的钱不好赚。女人是花钱的人，她们的钱好赚。嘴巴是另外一个赚钱的主要来源。世界上拥有七十多亿的人口，嘴巴是消费的无底洞，这将是多么大的一笔财富！

世界上的大部分金钱通用以下原则：男人围绕着女人转，女人围绕着化妆品、服饰转，而金钱就掌握在女人的手中。女人是世界上一个很大的消费群体，围绕着女人的产业也是经久不衰的。犹太人很早就看透了金钱的使用法则，所以他们才能作出如此精辟的论断。爱美是女人的天性，女人可以不厌其烦、不知疲倦地逛街买东西，只要能够买到称心如意的东西，就是再累，她们也毫无怨言。而且，女性一旦看到心仪的东西，无论多贵，都会花钱买下来。犹太商人就是看透了女人的天性，才能不断地在女性用品的生意上财源滚滚。

施特劳斯是个犹太人，他亲手创办的"梅西"公司是专门经营女士用品的。最初他只是一个小商店的店员，在漫长的打工生涯中，他发现了一个有趣的现象：购物的客人多为女性，男士很少光顾，即使有也是陪女性一起来的，财政大权掌握在女人的手中。后来，经过仔细的思考，他专门做起了女人的生意，自己开了一家小店——"梅西"，专门经营女性时装、化妆品和手袋等。经过几年的经营发展，小店的生意逐渐兴隆起来，他继续沿着这个方向走下去，不断扩大公司的规模，开始经营金银首饰、钻石等名贵饰品。在纽约的梅西公司，总共有六层，其中，两层专卖女性时装，化妆品占一层，金银首饰和钻石占一层，另外两层卖一些综合商品、由此可见女性商品在他公司产品中所占的比例。正是凭借做女性的生意，施特劳斯终于走向了辉煌。

也有不少犹太人是通过做食品生意发家致富的。比如，英国的一位犹太人詹姆斯，在1965年获得了"加云坎食品公司"的控股权，这家公司是生产糖果、饼干等各种零食的，同时经营烟草。公司的规模虽然不大，但是产品的种类很多，詹姆斯掌握了该公司的控制权后，进行了改革，将糖果延伸到巧克力、口香糖等多个品种；除增加了饼干的种类以外，还将饼干细分为儿童、成人、老人等不同种类；另外，还向蛋糕、蛋卷等方向发展。就这样，公司的销售额迅速增长。接着，詹姆斯开始在市场领域上下功夫，他除了在巴黎经营外，还在其他城市开起了分店，之后又在欧洲其他国家开了分店，形成了广阔的连锁销售网。到1972年，他的连锁店已达2500家，他的公司成为了世界上最大的食品公司。

犹太商人之所以会在事业上如此成功，不仅是因为他们抓住了机遇，更是因为他们有一双能发现商机的眼睛，能够及时地抓住到手的机遇。世界上的人口那么多，真正能在世界这个大舞台上作出一番成就的人少之又少，犹太人凭借长远的生意眼光，抓住了最能赚钱的两大方面。想在这两个方面赚钱的人不少，但是真正能做出一番事业的又有几个？犹太人的成功也与他们精明的头脑有关，同时还与他们不断改革、不懈进取的成功信念有关，他们不知足的精神成就了他们的事业。

及时有效的信息能带来巨大的财富

犹太商人是非常重视市场信息的，在他们看来，掌握准确的消息是获得成功的重要条件。及时掌握大量准确的信息，对信息进行快速判断和决策，对市场行情准确地作出预测，是商人获得成功的一条捷径。如果掌握了错误的信息，或是对信息的决策失误，就是一件非常危险的事情，一时的不慎有可能导致满盘皆输，甚至危及生命。

历经商场风雨的洗礼与磨炼后，犹太商人逐渐形成了对信息的高度敏感和重视。日本人曾说，犹太商人对即将破产的公司感兴趣。经常是日本的企业还不知道相关信息，远在美国的犹太人已经着手准备收购了，有些日本人甚至要从犹太人那里得到消息。从这里我们就可以看出犹太人对获取信息有多重视了。《塔木德》曾告诫犹太人："好好地利用好的信息，信息是有价的。"犹太人一直谨遵这条古训，利用一切可利用的资源，及时大量地捕捉对自己有利的信息，及时对这些信息作出正确的决策，让它们能发挥出最大的价值。犹太商人对信息和商报的重视，是非常人能比的，他们在信息上所花费的精力和财力也是别人不能比的。犹太商人知道，今天这个社会，竞争最激烈的就是对信息的占有，谁拥有最有价值的信息，谁就是商场上最大的赢家。

美国著名的犹太实业家伯纳德·巴鲁克于30岁之前就已经因经营实业而成为了百万富翁。巴鲁克在创业伊始，也是颇为不易的；是犹太人所具有的对信息的敏感，使他一夜之间发了大财。在他28岁那年，7月3日的晚上，他和父母待在家里，忽然，广播里传来消息，西班牙舰队在圣地亚哥被美军消灭，这意味着美西战争的结束。这天正好是星期天，第二天是星期一，按照常例，美国的证券公司在星期一是关门的，但伦敦的交易所照常营业。于是，巴鲁克意识到，如果在黎明前赶到办公室，他就能发一笔大财。当时是1898年，小汽车尚未问世，而火车在夜间又停止运行，在这种旁人看来也许觉得束手无策的情况下，巴鲁克急中生智，想出了一个绝妙的主意——他赶到火车站租了一辆列车。终于，巴鲁克在黎明之前赶到了自己的办公室，作成了几笔大的交易。他之所以大获成功，主要是缘于他能对信息进行正确分析，分析出对自己有利的信息。

犹太商人认为，要想获得成功，不仅要获得准确的信息，同时还要既能对信息进行准确的决策，又有行之有效的措施，这样才能使信息变成金钱，否则就是空想。美国佛罗里达州的一个犹太小商人，见一些家务繁重的母亲经常急急忙忙地上街为孩子买纸尿片，就想办一个"打电话送尿片"公司。送货上门本不是什么新鲜事，但是送尿片业务则没有什么公司愿意做，因为它本小利微，基本赚不到什么钱。但是，这个小商人认为这是一个良机，于是他想到了美国最廉价的劳动力——在校大学生，他让他们使用最廉价的交通工具——自行车送货，后来又将业务范围扩大到兼送婴儿药物、玩具和婴儿食品等，随叫随到，并只收15%的服务费。如今他的生意越做越兴隆。

从这两个小例子中我们可以看出，犹太商人之所以在商场上叱咤风云，有他们成功的必然因素。世界上没有随随便便的成功，就算是有，也不会太长久。在对信息的掌握上，犹太商人给全世界的人作出了成功的表率，他们对信息的敏感、对信息的理性分析、紧抓时机的勇气和行动，都是他们成功的原因。

很多人不成功，不是因为他们没有准确的信息和对信息的分析能力，而是因为他们缺少行动的勇气和智慧。得到的商报和信息是已经发生的事情，世界每时每刻都在发生着变化，我们所掌握的信息，有可能瞬间就会失去利用价值，所以要及时地抓住稍纵即逝的机会，只有这样成功才会垂青于你。仔细研究一下犹太商人的成功就会发现，他们是及时抓住时机的商界高手，正因为有这种能力，他们才能在金融界独占鳌头；也正因如此，他们才能将世界的财富大量占有。

犹太商人的成功是必然中的必然，让其他民族的商人不得不服。

培养独到的眼光，商机逃不出你的眼睛

"机会青睐有准备的人"，这是几乎人人都知道的真理。犹太商人将这一至理名言牢记在心，他们作好了一切准备等待着机会的光临。不仅如此，他们还会自己制造成功的机会。犹太商人之所以能在美国创造出一片属于自己的天空，与其善于发现商机、能及时抓住商机有直接关系。

"牛仔大王"李威·施特劳斯就是一个非常典型的例子。1850年，李威·施特劳斯出生于德国的一个犹太家庭。1870年，他与一批年轻人漂洋过海来到美国旧金山，投入美国西部的淘金热潮中。当时，成千上万的人把眼光盯在金光闪闪的金子上，李威却独具慧眼，把发财梦寄托在牙膏、肥皂、火柴、毛巾、饼干等微不足道的小商品上，并且以少量的资金在金矿上办起了日用品商店。李威的举动遭到了和他一起来的伙伴的强烈反对，他们认为这样根本就赚不到大钱，甚至可能连路费都赚不到，然而李威的判断没有错，他的生意越来越红火。有

一天，他听到两位淘金的工人在谈话，说如果用做帐篷的布做裤子，肯定结实又耐穿。说者无心，听者有意。李威发现人们当时穿的裤子是棉布的，很不耐穿，于是他就找了几个工人，一起用做帐篷的布做了几条裤子，没想到销路特别好。于是他就不断生产这样的裤子，还不断对其进行改革，后来，美国的年轻人渐渐喜欢上这样的裤子，并将其看作时髦的标志，发展出了牛仔热，这种裤子就是后来风靡全世界的牛仔裤。和李威同去淘金的人没有几个因为挖到金子发了大财，但是李威抓住了商机，并借此成就了自己的一生。

《塔木德》中说："幸运之神会光顾每一个人，当她发现这个人没有作好准备迎接她的时候，她就从门进去，从窗户再走出来。"犹太人不是因为得到幸运女神的恩宠而在商场上独占鳌头的，犹太人善于发现商机，并能及时地抓住商机，这是他们在商场中经过无数考验磨炼出来的。他们一直笃信，商场就是一个没有硝烟的战场，战争是残酷的，商场上虽然见不到流血，但也是几家欢喜几家愁。犹太人就是在商场这个大环境中练就了能够及时发现机会的火眼金睛，也练就了能够及时抓住时机的手。

机会不是时时都有，等待机会降临的人是愚蠢的。很多时候机会需要我们自己去创造，空等机会的垂青，只会错过无数的时机。《塔木德》告诫犹太人："愚者错失机会，智者善抓机会，成功者创造机会。"人有时候就是这样对待机会的，想成功的人，不仅要善于抓住到手的机会，往往也需要自己去制造机会，这样才能实现自己的成功。

美国小伙儿约翰在一家合资公司做白领，他觉得自己已经有了很好的成绩，却得不到上级的赏识。他经常想，如果有一天能见到自己的老总、展示一下自己的才华就好了。他的同事汤姆和他有一样的想法，但是汤姆更进一步，去秘书那里打听到了老总进电梯的时间，并在这个时间进电梯，以便能够见到老总。他们的犹太同事艾萨克则比他们更进一步，他详细了解了老总的奋斗历程、毕业的学校、处事风格以及关心的问题，想尽一切办法设计了几句精妙的语句，在适当的时间和老总乘一部电梯。在见了几次面之后，他终于和老总长谈了一次，不久，艾萨克就获得了提升。

为什么三个人都有同样的目的，但只有犹太小伙子艾萨克获得了成功呢？因为艾萨克懂得为自己制造成功的机会，另外两个人虽然有成功的愿望，但是他们不会为自己制造成功的机会，成功就只能与他们擦肩而过了。犹太人能在商场上如鱼得水、应对自如，靠的不仅是他们的运气，还有他们的勤奋、努力，更重要的是，他们能够在别人视为平常的事情中发现无限的商机，并将这一商机研究透，将它活用到底。

朋友多财富多，感情好财富到

犹太人很早就意识到，有好人缘就有财源。他们非常清楚人际关系在事业上的重要性，几乎人人都是处理人际关系的高手。犹太人一般喜欢单独做事，他们通常是自己单独成就一番事业。但是，遇到可能无法单独完成一份事业的情况，他们也会选择一个合作伙伴，等到时机成熟的时候，再自己单独做。这个伙伴，必须要经过严格的挑选，这个人必须要有一定的实力，要学识渊博，精明能干，最重要的是要诚实守约。因为诚信一直是犹太人最看中的品质。犹太人这种"曲线救国"的方案，结果证明是可行的。至于这个合作伙伴，往往是通过好人缘找到的。

犹太人很重视培养自己的人脉，他们经常会在周末宴请自己的朋友、伙伴甚至是同事，因为说不定哪一天这些关系就是他们成功路上最重要的一环，所以犹太人一般不会吝惜花在这上面的银子。这与我们中国的一句话非常切合，那就是"在家靠父母，出门靠朋友"。话俗理不俗，犹太人用自己的行动完美地阐释了这句话。

犹太人到哪儿都会受到关注，因为他们有无穷的智慧、精明的头脑。犹太人常用的经商手段就是"借鸡生蛋"，当犹太人看到某件事情有利可图时，即使有某方面的困难，他们也丝毫不担心自己解决不了。"是的，凭我一个人的力量可能解决不了，没关系，我可以请我的朋友和亲戚帮助我"。于是，在决定要做这件事情的时候,他会迅速组建自己的"亲友团"来为自己帮忙,从而做成自己认为能够赚钱的事业。犹太人在销售工作上尽显他们处理人际关系的高明之处,看完他们的做法,估计十之八九的人会自叹不如。

犹太人在销售工作中,白天见客户,主要的目的不是向对方推销产品,而是记住客户的长相;晚上下班以后,他们会悄悄地跟踪客户,记住对方的地址,然后去客户家送礼物。客户不好意思白要人家的礼物,只好乖乖掏钱购买产品了。一桩桩生意就这样轻而易举地做成了。

最让人惊叹的是犹太人的保险销售。如今,保险行业在我国也逐步壮大起来了,但是,早在19世纪的时候,犹太人的做法就已经值得我们学习了。犹太人的保险公司经常做的一件事就是在过节的时候给自己的客户送贺卡、礼物,一送就是很多年,坚持不懈,客户也会因此成为公司的宣传员,会将这家公司介绍给更多的朋友和亲戚。有些孩子是在很小的时候先认识贺卡,然后才知道了保险。保险公司这样花小钱搞好关系、以便日后赚大钱的做法,真的是一本万利。拥有好人缘不是一朝一夕的事情,这是一项费时费心的工作,保险公司的成功就是他们善于建立人际关系的结果,在这项慢工出细活儿的工作中,他们持之以恒的信念,是他们能够不断将事业做大做强的保障。

犹太人对人缘的重视正是缘于他们对财富的追求,同时,因为在人际关系上做足了功课,他们更容易在事业中获得成功。我国现在正流行的"人脉"这个词,也显示出人缘的重要性。人际关系处理得不好,说不定就会功亏一篑;人际关系处理得好,其他条件即使比竞争对手差点也无所谓,"说你行,你就行,不行也行"。

精明的犹太人在很早以前就认识到人缘在事业上的推力,所以他们才会不惜血本,构建自己的人际关系网。正是这个人际关系网,在他们最为关键的时候,给他们带来巨大的经济效益。人缘的功效不是立竿见影的,而是一种厚积薄发、左右逢源的人际渠道。所以,商人要想在商业上取得成功,一定要先拥有好人缘。

获取财富还需要一颗有智慧的头脑

精明的犹太人之所以能不断赚取越来越多的钱财,不是因为他们多能吃苦、多努力,而是因为他们精明的头脑能让智慧不断从脑袋中蹦出来,变成实实在在的钱,并赚取更多的钱。犹太人之所以会有无数赚钱的想法,是因为他们善于动脑,能在别人习以为常的地方看到无限商机,并用自己的聪明才智将它变为切实可行的赚钱方案。

犹太人经常能够想出一些赚钱的妙招,这得益于他们细致的观察力。他们通常能够注意到别人经常忽视的细节,并能从这些细节中发现巨大的商机。犹太人一般知识比较渊博，这使他们能在适当的时候发现最佳的商机。如果知识储备不够，即使商机近在眼前，也会视若无睹。所以，为了让头脑中有更多赚钱的思想和观点，同时有更多的赚钱渠道，他们经常会读很多书，他们每年的人均读书量是世界上最多的。

他们不仅知识渊博，而且，为了能够验证脑中的赚钱方式是否有效，犹太商人在经商之前一般都要进行心算能力训练，这样就能在很短的时间内算出自己做某件事情有多少利可图，到底能不能挣钱。下面的这个例子，让我们对犹太人的心算能力大为叹服。

20世纪90年代后期，一个犹太商人到我国一家服装厂参观，工厂的老板负责陪同。在参观过程中，老板滔滔不绝地向犹太人讲述工厂的历史和文化，以及工厂的经营状况。这时，犹太人在一个女工的工作台前停住了，他问老板："这些女工平均每小时的工资是多少？"老板立刻愣住了，他思考了一下，说："这……她们每月的薪水是850元人民币，每个月工作25天，每天就是34元，一天工作8小时……"老板还没有算清楚时薪，犹太人却说："啊，每小时0.5美元。现在人民币对美元的汇率是8.5∶1。"

犹太人为了想到更多的赚钱方法，经常运用一切的方式，哪怕是让自己入乡随俗，学习另外一个民族的文化，或接受另一个民族的传统。他们经常在熟悉了异族文化后再仔细思考出真正有利于自己赚钱的想法。

一个在中国生活的犹太人，从一个看门人，逐渐变成一个靠出租房子赚钱的小房地产商。有钱以后，他处处精打细算。一个修鞋匠在他的房产附近支了一个小鞋摊，他也要每个月收人家五块钱的租金；别人都是按阳历来收房租，而他却是按阴历来收，因为他发现阴历每个月只有29或30天，每三年有一个闰月，这样，他就可以平白无故地多收一个月的房租。就这样，短短几年的时间里，他赚取了大量的财富。

这个犹太人只是普天之下所有犹太人的一个缩影，世界上的犹太人千千万万，几乎所有的犹太人都能用自己的聪明才智赚取数量可观的金钱。

犹太商人的赚钱头脑不仅体现在事业上，更体现在他们的休息时间上。他们不会占用自己的休息时间去赚钱，因为，如果休息时间被占据，他们的寿命就会减少；而不占用休息时间，他们的寿命就会延长，这样他们就有更多的时间去赚钱。延长寿命赚的钱要比他们加班赚的钱多，因此他们不会为了赚点加班费而占用自己的休息时间。为了让自己头脑中的赚钱想法越来越多地变成现实中的钱，他们是不会透支自己的身体的。有了好身体，自己头脑中的钱才会源源不断地变出来；没有身体的保障，一切都是零。

犹太人就是凭借他们的智慧头脑，在世界上占有了大量让人羡慕的财富。

第04章

主控行为，任何境况下绝不做被困的斗兽

没有未经历过磨难的英雄

什么是逆境？逆境就是人在做某件事的时候，不仅做起来不顺利，还有可能遭受挫折和失败。没有人的一生能够一帆风顺，总会有各种各样的坎坷。在这个世界上，犹太民族是经受坎坷最多的民族之一。犹太人对挫折的认识是积极的，他们认为逆境是主在考验他们的意志，他们始终抱着一颗积极的心去面对逆境。

逆境是一道分水岭，有人在逆境面前颓废沉沦，觉得这就是自己的末日，自己再也不可能重现以往的辉煌，于是这些人在逆境的泥潭里消失无踪了；有的人却积极地应对逆境，因为他们相信风雨之后就会有彩虹，他们沉着地应对逆境给予的难得的训练机会，将自己锻炼成一个能经受任何风雨的钢铁战士。在犹太人眼中，逆境就是一种财富，它不仅可以考验你的意志，而且能够锻炼你的能力。

犹太民族在以色列建国以前，一直处于四处流浪的状态，他们四海为家，没有国家的庇护，经受了许多欺辱和嘲笑，但是他们并没有就此消沉下去，依然积极地面对每一天。在第二次世界大战的时候，希特勒对犹太人的赶尽杀绝让人不寒而栗。但犹太人并没有在这一次次的逆境中消失，而是将自己磨炼成一个能经受百战的民族，他们已经不惧怕任何逆境了。

犹太实业家路德维希·蒙德，学生时代曾在海德堡大学同著名的化学家布恩森一起工作，他发现了一种从废碱中提炼硫黄的方法。后来，他移居英国，将这一方法带到英国，几经周折，才找到一家愿意同他合作开发的公司，结果证明他的这个专利是有经济价值的。蒙德因此萌生了自己开办化工企业的想法。他买下了一种利用氨水的作用将盐转化为碳酸氢钠的方法的专利，这种方法是他参与研究的，当时还很不成熟。他在柴郡的温宁顿买下一块地，建造工厂。同时，他继续实验，终于解决了技术上的难题。1874年，厂房建成，起初的生产状况并不理想，成本居高不下，连续几年完全亏损。同时，当地居民由于担心大型化工厂会破坏生态平衡，都拒绝与他合作。犹太人在逆境中的坚韧性格帮助了他，遇到如此大的逆境，他依然毫不气馁，终于在建厂6年后取得了重大的突破，产量增加了3倍，同时成本也降了下来，产品由原先的每吨亏损5英镑，变成了赢利1英镑。人们纷纷涌入蒙德的工厂寻求工作，因为工厂规定，只要在这里做工，就可以获得终身保障，父亲退休的时候工作还可以传给儿子。后来，蒙德的企业成了全世界最大的生产碱的化工企业。

逆境中应该学会坚强，我们应在逆境中磨炼出一颗能经受任何挫折的心。《圣经》认为人生来就是要赎罪的。犹太人也一直认为人生来就要经受苦难，一个人死的时候，就是苦难结束的时候。由此，我们可以看出犹太人对逆境是多么习以为常。而有些人在遇到逆境的时候，不是怨天尤人，就是自怜自艾，最终在唉声叹气中向逆境缴械投降。

犹太人对待逆境的态度值得我们每一个人学习，他们在逆境面前泰然自若，依旧做自己该做的事。他们明白，自己再怎么惊慌失措，事情终究要解决，解决的办法只有一个，那就是行动。

在逆境中，我们可以积蓄自己的力量，可以锻炼抗击打的能力；可以看出谁是我们志同道合的朋友，谁是不值得深交的小人。逆境不是成功路上的绊脚石，而是通向成功的垫脚石。成功不会随随便便就降临在人们的头上，只有经受了逆境的成功，才能存在得更长久。

勤奋是获取财富、有所成就的基础

犹太人一直被认为是世界上最聪明的人。全球有1500万的犹太人，占全世界总人口的0.3%，可是，他们获得诺贝尔奖的比例则是其他民族的100倍。美国有560万犹太人，占美国人口的比例只有1.9%，但是，排名前400名的美国富翁中，有100名是犹太人。这些似乎都印证了犹太人的聪明。

但是，说某个民族的人生来就比其他人更聪明，不仅是荒谬的，而且是没有任何根据的。如果仔细研究就会发现，犹太人之所以拥有如此多的荣誉，完全是因为他们的勤奋和执着。也正因如此，他们会比其他民族的人更容易成功。

犹太人喜欢专注于一个个狭小的领域，他们一般都勤奋地专攻自己所熟悉的领域，而且非常执着，因此七八十岁的老犹太科学家依然会获得诺贝尔奖。他们的一生都在勤奋地耕耘自己的事业，所以成功才会属于他们。

赫伯特·查尔斯·布朗1912年出生在伦敦一个手工制造金饰品的犹太家庭，他父亲为了躲避排犹，把家迁到了美国的芝加哥，并在那里经营一家小五金店，日子过得不算富裕。布朗的父亲从孩子很小的时候就按犹太民族的方式教育孩子长志气、努力上进……后来，又倾其所有供他上学。小布朗十分用功，放学后还坚持学习，家里没有电灯，他就到路灯下学习。下雨的时候，就打着伞在路灯下学习。他的学习成绩进步得很快。布朗14岁的时候，父亲去世了，于是他不得不退学来经营五金店，可是他还是一直在坚持自学。母亲知道他想学习，就在他17岁的时候，让他去读了高中。虽然他已经三年没有上学了，可是他依然凭借自己的勤奋以优异的成绩考上了赖特初级学院。在大学期间，他对化学产生了浓厚的学习兴趣，教授十分看好他，并一直指导他学习，还建议他去芝加哥大学学习。对于一个穷孩子来说，这是一件十分困难的事。因为他需要一边打工一边读书，只有靠奖学金才可以上学。后来，他果真考取了奖学金,进入了芝加哥大学化学系。布朗进入芝加哥大学以后依然十分勤奋,仅用了9个月的时间就完成了大学4年的全部课程。大学毕业后,由于他的勤奋刻苦,他成了著名化学家斯蒂格利茨的助手。他一边工作,一边读研究生,仅用一年时间就获得了硕士学位,又在第二年得到了博士学位。后来,凭借自己的勤奋,他在有机硼方面作出了独特贡献,1979年,他获得了诺贝尔化学奖。

人必须经过勤奋努力才能在某方面获得成功,布朗就是凭借自己的勤奋才取得了如此骄人的成绩。一个人无论天生再怎么聪明,如果自己不注重后天的学习,天分终究会在某天消失。而一个人无论天生再怎么普通,只要有勤奋的精神和毅力,将来也会获得骄人的成就。众所周知的著名物理学家爱因斯坦,小时候曾被老师认为是笨学生,可是他后来取得了物理学上的重大成就。他的至理名言是:"在天才和勤奋之间,我毫不犹豫地选择勤奋,它几乎是世界上一切成就的催生婆。"

许多成功人士一直在用他们的亲身经历向我们阐述着——人如果想取得超常的成绩,非得付出超常的努力不可。如果你想取得成功,就要比别人更加勤奋。犹太人的生存方法之一是培养勤奋的习惯。在犹太人的家庭里,父母往往非常注意培养孩子勤奋的习惯。犹太人认为,对于勤奋的人,造物主会给他们最高的荣誉和赞赏;而那些懒惰的人,造物主不会给他们任何礼物。

犹太人对于勤奋的理解和我们不一样,在他们眼中,勤奋并不是一味地吃苦,他们将此认为是不会产生多少作用的蛮干。他们认为,老板可以自己不勤奋,但是他应该能让他的员工勤奋。所以,就算是要勤奋,他们认为那也应该是能产生巨大价值的勤奋,而不是一味地埋头苦干。很多成功的商人在最初创业的时候,一般都是靠勤奋才成就一番事业的。在成就事业之后,他们也会勤奋,只是这种勤奋会用在管理等其他统筹方面的工作上。

由此我们可以知道,勤奋是犹太人成功的一个很重要的条件,没有勤奋的努力,也许就没有今天犹太人的辉煌成就。

向目标前进,行动是根本

犹太人一般都习惯给自己制订一个明确的目标,然后根据目标采取行动,并利用行动逐渐实现自己的目标。在犹太人看来,在人生的竞技场上,如果没有确定的目标,不能在逆境中完善自己,是不会成功的。

在犹太民族中有一个流传甚广的故事。有一个年轻人向首领讨要一块土地,首领给了他一根标杆,让他把标杆插到一个适当的地方,并答应他:如果日落之前能返回来,就把首领驻地和标杆之间的土地送给他。年轻人因为走得太远,不但日落之前没有返回来,而且累死在半路上。这个年轻人因为没有自己的目标，所以失败了。

犹太人认为制订一个明确的目标很重要，这个目标一定要根据自己的实际情况来定，而且不能定得太大，否则只会让人更加筋疲力尽。只有切合实际而且通过努力可以实现的目标，才会成为激励人们前进的动力。

犹太人一直将聚拢财富视为自己的目标，他们为了赚钱，经常会在办公室的门上高挂免扰牌，上面写着："免扰，我在挣钱！"这虽然只是犹太人生活中的一个小细节，但足以说明他们为了实现目标有多强的执行力，他们做任何事情都围绕着目标。他们甚至将时间精确到秒，即使与人交谈，也要限制在仅仅几分钟之内，因为时间就是金钱，盗窃他们的时间就是在偷他们的钱。

实际上，奋斗目标越鲜明、越具体，往往越有益于成功。因为，每个时刻，你都在计算着自己离目标还有多远；每实现一个目标，你就会更有信心去迎接下一个挑战。所以犹太人经常因实现自己的小目标而精神振奋，他们每天都在计算自己赚了多少钱，目标已经实现多少了，他们精神百倍地去完成自己每天制订的任务，就这样一步步地走向成功。

犹太人的这些习惯是值得我们每个人学习的。只有制订目标的人才会使自己的人生活得精彩；没有目标的人就好像没有罗盘的船，不知道自己的人生航向在哪儿，到底哪里才能靠岸，只能四处漂泊。有了目标的人，就会一往无前、心无旁骛地使自己到达想要去的地方，就算最终无法实现自己的目标，人生也一定会无怨无悔。

必须要有自控力，不受影响才能达成所愿

《犹太法典》里有一篇文章，题目是《积极主动地做事》。文中有一句话："现在动手吧！当你意识到拖延懒惰的恶习正在你身上显现时，你不妨用这句话警示自己。从任何小事做起都可以，并不是事情本身有多么重要，重大的意义在于突破了你无所事事的恶习。"

犹太商人做事总是采取积极主动的态度，这样不仅可以避免自己受到不必要的伤害，而且可以主动创造有利于自己的环境。犹太人一致认为，主动的人不会坐等命运的安排或贵人的相助，自己的幸福和成功都掌握在自己的手中，这些东西都是要靠自己争取的，别人是给不了的。所以，如果想占有主动，那么就得积极主动地做事。

现在社会上有很多人只是一味地空想自己究竟能有多优秀，有多成功，完全不知道自己再怎么想都不如实际行动有用。在公司中，老板喜欢那些会主动做事的员工，因为他们不会夸夸其谈、到处吹嘘自己，而是经常俯下身子默默地做着自己应做的事。只有积极主动做事的人才不会犯眼高手低的错误，他们不会让老板操心，是老板的得力助手，这样的人才更有机会获得老板

的赏识，才更有机会得到老板的提拔。

某天，一家犹太人开的公司面试新人的时候，主考官将10个应聘者叫到办公室里，然后指着一个柜子说："请你们想尽办法将这个柜子搬出去，给你们三天的时间考虑。"所有的人都觉得将这个柜子搬出去是不可能的，因为柜子是铁的，而且柜子的体积很大，这个柜子那么重，人怎么可能将它搬出去呢？三天以后，有9个人交了答卷，他们的想法也是五花八门，有的说用杠杆原理，有的说将柜子拆开……前9位应聘者都提出了自己的方案，只有第10位应聘者没交答卷。第10位应聘者是一个柔弱纤细的女孩子，只见她走进办公室，什么话也没说，直接走向柜子，一使劲就将柜子搬了起来，毫不费劲地将柜子搬了出去。所有的应聘者都惊呆了，原来"铁"柜子并不是用铁做成的，而是用泡沫做的，只是在其表面镀上了一层铁。面试的主考官就是想用这种方式来考验应聘者的实际动手能力。

且不管这个故事是真是假，总之它向我们阐释了一个道理，那就是只有积极主动做事，才能将事情办妥；只是一味设想，解决不了问题。人们在困难面前之所以会失败，很多时候并不是因为问题很难克服，而是因为人们被它的样子吓倒了。这个时候就更需要积极主动做事的习惯，有时候机遇往往就是用困难作伪装的。

积极主动做事的人在面对各种困境的时候，会保持一颗永远积极上进的心，他们不会因为前景不可预知以及险象环生就将自己吓倒了。空想是解决不了问题的，一味地空想，根本就不切合实际，只有积极主动地调查实际情况，根据实际情况作出行动的计划，才能在最短的时间内解决问题。

现在的社会上有很多草根创业者，他们的一个好习惯就是积极主动地做事。他们在与客户、合伙人、投资人交往时始终是以积极主动的姿态出现的。他们积极主动地出击，即使遭遇挫折磨难，也始终保持积极主动的习惯，因为他们相信，成功会属于他们。很多犹太人之所以能成功，就是因为他们积极主动地做事，赢得了老板、客户的欣赏与器重，使他们有更多的机会获得成功。积极主动地做事不仅是他们富有活力的标志，也表示他们有一颗积极、乐观、向上的心。

人只有积极主动地做事，才能成功。所以，遇到事情的时候一定要记住，只有积极主动地做事，成功才会属于你。

积极提升自我，把成功握在自己手里

"他山之石，可以攻玉。"犹太民族将这一精神运用得非常好。犹太人在近2000年的时间里失去了自己的国家，饱受蹂躏。他们流散于世界各地，吸收其他民族的先进文化，发展本民族文化中的精华，取得了重多的成就。

"金无足赤，人无完人。"每个人都有自己的优点和缺点，有的人善于学习别人的长处，改正自己的短处，这样的人进步很快。犹太人的家庭教育就非常重视培养孩子取长补短的能力，商场上，他们更是将这一传统发挥得淋漓尽致。

斯特纳夫人在女儿很小的时候，就教她进修世界各国的语言，让她用各种语言和世界各国的小朋友通信。这样做一方面当然是为了提高孩子的语言水平，另一方面也是为了让女儿学会如何取人之长、补己之短。斯特纳夫人很注意培养孩子的社交能力。她经常让女儿和其他小朋友玩，也让女儿和男孩子一起玩耍。但是，她不允许女儿只跟一个小孩子玩。她认为，女孩子富于想象力，而男孩子则富于理解力。让他们一起玩耍，可以互相取长补短，女孩子可以从男孩子身上学习勇敢果断等品德，而男孩子可以从女孩子身上学习亲切随和等品德，对双方都有益。两个孩子在一起玩的时候，很容易使一个人居主人地位，另一位则居于仆人的地位。几个孩子一起玩则可以有效地避免这种情况。正是斯特纳夫人的这种教育方式，使她的女儿拥有了很多优秀的品质。

孩子的成功无疑和斯特纳夫人的教育有直接的关系，正是斯特纳夫人的这种教育，使孩子能及时发现自己的缺点，从别人身上看到自己没有的优点，使孩子积极主动地去学习别人的长处，逐渐弥补自己的短处。

犹太民族一直以来都以受苦受难者的身份出现在世界的舞台上，他们被迫迁徙于世界各地；在以色列建国以前，他们一直处于流浪的状态。犹太人起源于今属伊拉克的一个小城乌珥，后来迁徙到迦南，再到埃及。他们繁衍得特别快，埃及国王怕犹太人的数量超过埃及人，就下令将犹太人生下的男孩处死，女孩嫁给埃及人，这样的政策使犹太人被迫离开埃及。后来，犹太人又经过几次战败，被迫流散，这样的流散不仅没有使他们消失在世界的大潮中，相反，他们吸取了其他各民族的优秀文化，并将自己民族的文化逐渐传承了下来。就像古斯塔夫·亚努斯在《卡夫卡对我说》中所说的："犹太人像种子那样分散到了世界各地，就像种子吸收周围的养料，储存起来、促进自己的生长一样，犹太民族命中注定的任务是吸收人类的各种各样的力量，加以净化，加以提高。"所以，犹太人与其他民族的人生活在一起的时候，不但没有被同化，反而将自己的文化加以创新，更好地传承了下来。古代犹太人就对两河文明、埃及文明有大量的吸收和借鉴。

犹太民族在商场上也是如此。一个民族要想在世界上站稳脚跟，并不断寻求发展，取人之长、补己之短是非常必要的。我国在清朝的时候曾经闭关锁国、闭门造车，实践证明这样的做法是非常危险的。只有将自己跟世界联系在一起，与世界同发展、共进步乃至走在世界的前面，才能不被时代所淘汰，也只有这样，才能在稳定中谋发展。商人亦要有这种取长补短的精神。现代社会的竞争尤其激烈，没有人可以做到仅凭自己的技术和实力就永远处于不败之地，只有能看见自己短处同时又能看见别人长处的人，才能将事业做得轰轰烈烈，才能将自己的事业做大做强。

做好小事，一屋不扫何以扫天下

犹太人是个很注重做小事的民族，他们认为：小事做好了就是一件大事；小事都做不好，大事又怎么能做好？这就是精明的犹太人能够不断在事业上取得成功的原因之一。有些人老是抱着发大财的观念去挣钱，对赚小钱的工作不屑一顾，甚至看不起做小事的人，认为只有没出息的人才会从事这种没什么利益、没什么前途的小工作。

其实事实正好相反，很多成功人士都是从最底层一步步做起的，很少有一上来就能独立撑起一个大企业的人。一般的公司都是经过创业者的辛勤打拼才打下坚实的基础的。

一个犹太人和一个英国人一起找工作，在他们行走的路上有一枚硬币，英国人连看也不看，直接就走过去了，他认为自己是要挣大钱的人，这种小钱根本不值得自己弯腰去捡。犹太人看见以后，赶紧把钱捡了起来，他认为，只有积攒每一分钱，以后自己才能挣大钱。他们面试了一家小公司，英国人感觉自己在这里工作实在是太屈才了，所以没聊几句就匆匆地走了。而犹太人却不这样认为，他认为，公司虽小，但是自己在这里也可以学到很多东西，不仅有技术，还有管理经验。他积极乐观地对待自己的这份工作，他的能力终于得到了老板的赏识，他的职位越来越高，工资也越来越多。而英国人面试了几家公司，总是觉得公司太小，工资不高，自己根本就不适合在这些小地方做这种小事，于是他不停地在各家公司奔波，却始终找不到适合自己的工作。两年后，两人在街上相遇，这时的犹太人已是一家大公司的经理，而英国人还在找工作。

很多成功人士的成功都是通过自己艰苦的努力获得的。要想成就一番事业，就不能拒绝做小事。小事不仅考验人的意志，还能磨炼人的耐力。在做小事的过程中，你会学到很多知识，从老板的经历中学到对自己有用的东西，这些都是你人生中的宝贵财富。做小事的人并不会一辈子做小事，即使是做小事，只要怀有做大事的决心，也会在未来的某一天成就属于自己的事业。万丈高楼平地起，枝繁叶茂缘根深。没有人能随随便便成功，只有勤于做小事的人才能在事业上不断取得突破。不勤于做小事的人，是眼高手低的人，他们不愿意躬身于小事，因此他们会失去很多成功的机会。

成功是由完成一件件小事积累起来的，"勿以善小而不为，勿以恶小而为之"，小事做多了，就会成为大事。一心想做大事而不屑于做小事的人永远成不了大事。将眼光放在以后要成就的大事上，踏实地做好眼前的小事，只有这样，才能成就大事。

人不应该好高骛远，眼高手低。想做大事是无可厚非的，

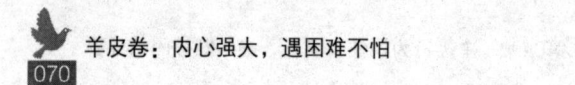

但是小事是大事的基础，一心只想做大事，不将小事做好，也不可能有所成就。在做小事的过程中，多积累经验，哪怕只学到一些知识，只是与人交往的点滴见识，小事就没白做。

第05章

理智冒险，敢于冒险更要能看清风险

冒险有可能获得更多财富

《塔木德》中说:"只有在别人不敢去的地方,才能找到最美的钻石。"这句话的意思很简单,只有敢于冒险的人,才能收获巨额财富。很多犹太人拥有强烈的冒险精神。越是敢于冒险的人,越是不会不经大脑地蛮干,他们都会谨小慎微地办事,在遇事思考时,他们会将各种相关因素考虑在内,从而作出最明智的选择。

犹太人是最善于冒险的,这种冒险精神为他们赢得了"世界第一商人"的称号。对于这一称号,他们当之无愧。他们具有过人的胆识,知难而进、逆流而上的气魄,他们还具有拿得起、放得下的气概,正是这种种因素,使他们登上了"世界第一商人"的宝座。

现代社会是一个充满冒险成分的社会。在市场经济的环境中,优胜劣汰的竞争每天都在商场中上演。一个人不能用自己的权利为自己开辟一片市场;不能用自己的钱财为自己的商品买一道护身符,只有市场说了算。现在的竞争如此激烈,每个企业家都面临着巨大的风险,市场的需求、国际环境的变化、人民生活的需要,每个环节都存在着巨大的风险,所以企业家只能在风险中寻找生存的机会。

犹太商人之所以能在市场上不断取得成功，就是因为他们敢于在别人不敢冒险的地方投入精力。犹太商人不怕失败，他们认为：赢了，自己就可以狠赚一笔；输了，大不了从头做起。

一个开发商投资生意老是盈利，他在向别人介绍自己的经验时就说，他之所以老是盈利，就是因为他敢于冒险。他在选择投资项目时，如果别人都觉得可行，他就认为这不是机会，只有在其他人觉得不可行的时候，才是真正的黄金机会，他就是要投资这样的机会。尽管这样做很冒险，但是只要有50%的希望，那就值得去冒险。"富贵险中求"，很多投资者将这句话奉为真理，不少成功的犹太商人就是这句话的践行者。

犹太人约瑟芬在1835年投资了一家小型保险公司，但是他投资不久后，纽约就发生了一场特大的火灾。许多同行认为自己实在是太倒霉了，肯定赔大了，纷纷将自己的股份转让出去。而这时约瑟芬却独辟蹊径，他认为这是一次机会，于是出人意料地买下了全部的股份。这是一次大的赌博，没有人知道约瑟芬这样做到底为什么，人们都为他捏了一把汗。然而，出人意料的是，理赔后，他公司的信誉很快提升了，人们纷纷前往他的公司投保。虽然约瑟芬将保险金提高了一倍，但是人们还是纷纷到他的公司进行投保。这是因为人们对他的公司很放心，因此约瑟芬大赚了一笔。

约瑟芬没有像其他同行一样，将自己的股份转让。其他同行在困难面前，仅看到了自己的处境，没有发现存在着风险的商机。约瑟芬发现了，于是他抓住了自己的黄金机会。很多人就是因为不敢冒巨大的风险，所以才与财富失之交臂。在犹太人看来，每次风险都潜藏着商机，风险越大，商机越大，只有敢于冒险的人才能赚取大量财富。谨小慎微、懦弱的人与发大财无缘，他们不敢承担风险，承受不了失败给予的打击，所以他们一辈子都只能默默无闻，毫无建树。

现在的社会是一个瞬息万变的社会，做任何事情都是有风险的。很多人不屑于谈冒险，他们认为这是一种莽夫的行为，包含太多的变数。一般人不敢尝试冒险，他们只是冷眼旁观别人如何冒险。如果冒险者失败了，他们就暗自庆幸；如果冒险者成功了，他们就会大发牢骚，认为人家只是运气好。在他们的言谈中，我们闻到了浓浓的醋味。为什么当时他们自己不去尝试？归根结底只有一个原因，那就是自己不敢去冒险。

许多投资者经常会在人们质疑的眼光中大手笔地去做某个冒险的项目。他们的这些投资操作看上去很冒险，但是，这仅仅是表面现象，因为他们不仅看到了风险，更看到了风险后的巨额利润，所以他们不惜冒大风险也要将这利润赚到手。在他们这种敢作敢为的气魄中，我们看到的是一种果断的人性美。正是因为拥有这种气魄，他们才赚取了无数的财富。

看清风险，有理智的人不盲目冒险

犹太人的经典著作《塔木德》告诉人们，只要值得就要去冒险。我们知道犹太人是天生的冒险家，这一特点不仅在商业领域运用得淋漓尽致，在他们的生存方面也是展露无遗。

在以色列建国以前，犹太人一直是处于四海为家的流浪状态，他们迫不得已地奔波于世界各个国家之间，对生存的风险意识特别强烈。他们不会在驱逐令下达之时才匆匆赶往另一个国家，而是能根据暴雨之前的征兆判断这场雨的大小和持续时间。为了生存，他们就这样不断迁徙于各个国家之中，他们的风险意识也就在这一次次的生存大迁移中变得更加强大起来。所以，当这种风险意识运用到商场领域时，他们就会觉得如鱼得水。

犹太人认为，风险和利益是在一起的，作为一个精明的犹太人，自己必须在机遇面前不撒手，他们认为，要想获得财富就必须承担风险，如果连风险都不敢承担的话，那就不会有什么成就。冒险是人一生中的重要事情之一，只要值得，就应该去冒险，而不是犹犹豫豫地错过到手的机会和财富。《塔木德》曾说：有三样东西不能使用太多，那就是做面包的酵母、盐和犹豫。冒险投资是人获得巨大成功的捷径，它不仅需要人有坚强的信心，同时要求人们不随着大流走，只会重复别人的老路，永远也不会有成就。

1898年5月21日，阿德曼·哈默出生于美国。他上大学的时候就开始经营父亲留给他的药厂事业，成效显著，他因之而成为当时美国唯一一名大学生百万富翁。1921年，他赶赴苏联，成为贸易代理人，聚集了巨额财富。1956年，58岁的哈默收购了即将倒闭的西方石油公司，并成为当时世界上最大的石油公司的创立者。1974年，哈默的西方石油公司创造了年收入达60亿美元的惊人数字。哈默一生与东西方各届领导人物关系密切，声誉传遍全球。经常有人向哈默请教致富的魔法。他们坚持认为，哈默之所以如此成功，靠的不仅是勤奋、精明、机智、谨慎之类应有的才能，一定还有什么秘密武器。在一次晚会上，有个人凑到哈默身边，向他请教发家的秘诀。哈默皱起眉头说，实际上这没什么，你只要等俄国革命就行了，到时候打点好你的棉衣，尽管去，到了那儿就到政府的交易部门转一圈，又买又卖，这些部门大概两三百呢……听到这里，请教者怒目而去。他不明白哈默为什么这样敷衍他，其实这就是哈默对自己在俄国13次做生意的精辟概括，其中包含着他生意的兴隆与衰落、成功与失败的经历。1921年的苏联，经历了内战和灾荒，急需救援物资，特别是粮食。哈默本来可以拿着听诊器，坐在洁净的医院里，不愁吃穿地安稳度过一生，但是他厌恶这种生活，在他眼里，只有那些未被人们开发的地方才是值得自己去大战一场的地方。于是，在苏维埃政权采取重大决策、鼓励吸引外资重建苏联经济的时候，哈默一马当先地来到苏联，扎实了自己的根基。这在别人看来是不可思议的，因为他们对苏联充满了偏见和歧视，只有哈默敢冒险去苏联，就这样，他在苏联赚取了大量的财富。

犹太人的喜欢冒险与他们的谨慎明智是一样出名的，他们不会轻易地去冒险。他们不是好冲动的人，他们一般在冒险之前都会问问自己：自己这样冒险值得吗？一般来说，越喜欢冒险、越善于冒险的人就会越谨慎地对待冒险，他们不会轻易地去冒险做一件事情，他们会在做之前将事情仔细地想清楚，然后再作出明智的判断。

犹太人不指望通过赌博让自己一夜暴富，他们觉得把赌博当作经济来源是一种愚蠢的行为，这种风险行为是一种不明智的行为。同时他们也不会将发财的希望寄托于买彩票上。买彩票中大奖靠的全是运气，寄希望于买彩票中大奖的人一般是些经济不富裕的人，但是买彩票中大奖讲究的是概率的问题，所以犹太人一般不会将自己的命运押在彩票中奖上，因为他们知道买彩票中大奖的可能性和期望值根本就不是等价的，中奖所得往往小于你买彩票的价格。所以，他们的名言是："每周用火烧掉几张美钞也比把钱丢到彩票中去更强！"

犹太人对待冒险的行为是理智的，他们会冷静地分析冒险的正确与否，一般来说，越大的风险，你的回报就会越丰厚，同时这就更需要风险投资者慎重对待这一行动。如果结果如己所愿，那你就会一夜之间飞黄腾达，麻雀变凤凰。假如结果不好的话，那就会倾家荡产，没准儿还会流浪街头。尽管如此，

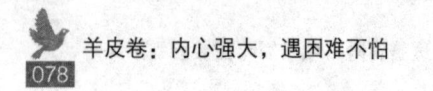

犹太人还是始终坚信：只要值得，就去冒险。

眼光长远的人才能比别人更早作打算

犹太人在做生意的时候经常会要求自己多看几步，只有这样才能掌握大局，让自己能更好地统领全局，也只有这样才能始终处在主动地位。多走几步，风景就会不同。在商场上亦是如此。

商场如战场，虽然不是兵戎相见，没有血流沙场的血腥，但同样是几家欢喜几家愁。真正能在商场上成功的人必是能在商场上运筹帷幄之人，他们在走第一步的时候，已经预测到五步以后会是什么样的情形。在下棋的过程中，我们把仅能看到一两步棋路的人称为"初级棋手"，把想到三四步的人称为"中级棋手"，把那些能看到五步以上棋路的人称为"高级棋手"。商场上的成功人士就是一些"高级棋手"，他们的招式常让人摸不着头脑，等到事情一步步地发展过来的时候，人们只有恍然大悟的份儿了，心里直佩服他们的远见卓识。

在人们毫无知觉的时候，商业大亨已经将未来商业的发展看得无比清晰。他们在人们疑惑其用意的时候，开始放鱼线；当人们明白其用意的时候，已经开始将线收回，准备收鱼了，人们只能在羡慕的眼光中看着他们满载而归。

所以，人们在做任何事的时候都应该要求自己多看几步，只有这样，才能看到别人看不见的风景。犹太人的经商哲学之一，就是能够多走几步。成功的犹太人一直在践行这一商业规则，他们也正是凭借这一做法赚取了大量的财富。现在的股市、房市等无不需要人有前瞻意识，能够多走几步，如此，就能在一定程度上改变自己的被动立场，变被动为主动，也就能够少些花落别家的感伤。

能够多走几步的人，能淡定地对待眼前的一切，不会因为事情的发展而使心情大起大落，因为这一切已尽在他们的掌控之中。有时候，成功与失败的距离很近，往往就在几步之内。如今，在瞬息万变的股市中，有数以万计的股民，只有少数人能在股市中如鱼得水，他们往往就是那些能多走几步的人，他们已经看透：熊市的角落中依然有牛市的希望，牛市的大喜中依然有熊市的危机。

有多大风险就有多大收益

犹太人一致认为想要赚大钱就必须冒大风险，只有冒大风险，才会在短时间内获得巨大的财富。犹太人看不起那种不敢冒险的人，认为他们是平庸之辈。不管怎样，这也让我们对犹太人有了深层次的了解。犹太人不主张靠一点点地攒钱来赚大钱，他们主张通过冒险的投资获取大量的钱，这是犹太商人典型的成功之路。

1862年，美国南北战争爆发，林肯总统颁布了实行全军总动员的命令，并下令陆海军展开全面攻击。摩根与一位华尔街投资经纪人的儿子克查姆商量出了一个绝妙的计划。摩根对克查姆说，现在买进大量的黄金，汇到伦敦去，这样会使金价大涨的，到时候他们就可以狂赚一笔。克查姆对摩根的计划大加赞同。于是两人就秘密买进了500万美元的黄金，他们决定将一半的黄金运到伦敦，而另一半留在美国。在运往伦敦的过程中，他们透露了消息，引起华尔街的一片惊慌，于是美国的金价节节升高，而伦敦的金价也跟着节节上扬。于是，摩根和克查姆就等着坐收渔翁之利。

以往人们称呼冒险家有一种贬义的意思，而现在的冒险却是一个应用普遍的词，犹太人一直以冒险家的称号闻名于世。现在世界上好多的东西都含有冒险的成分。现在人们知道了，做任何事都是有风险的，关键是风险的大小。风险无处不在，尤其是在现在的经济领域，风险投资更是人们耳熟能详的一个词语。投资股票更是风险性极大的一项，但是投资股票容易赔钱也容易赚钱。经济原理告诉我们，一件事情风险越大，投资的收益就越大。一个初涉商场的人，更应该用冒险投资的方式，为自己的商场生涯打好开头。

19世纪80年代，洛克菲勒和同事们发生了严重的分歧，分歧的原因是是否购买利马油田。利马油田地处印第安纳东部与俄亥俄州西北交接的地带，是当时最新发现的油田。那里的原油有很高的含硫量，因此会发生反应生成硫化氢，发出一种鸡蛋腐臭的难闻气味，所以人们称它为酸油。除了洛克菲勒以外，没有石油公司愿意购买这种低质量的原油。因为这种原油质量低、价格低利润小，虽然油量很大，但是谁也不知道应该用什么样的方法进行提炼。所以，在洛克菲勒提出要购买的时候，他遭到了所有委员的反对，甚至包括他的几个得力助手。但洛克菲勒坚信一定可以找到一种提取高硫的办法，于是他不得已宣称以一个人的名义冒险去研究这一产品并且不惜任何代价。在他的坚持下，委员会最终作出了让步，最后以800万美元的低价买下了利马油田。在这之后，他又请了一位犹太化学家，专门研究如何去除高硫的问题，实验进行了两年，但是一直没有取得成功。又过了几年，这位科学家终于成功了，洛克菲勒也成功了。

犹太商人善于冒险，他们认为，风险越大，获得的回报也就越多。所以他们不惜冒任何风险去做自己认为能赚钱的事情。做任何事情都只有两种可能——成功或失败，成功了自己就能获得大笔的财富，失败了自己就会输得一塌糊涂。有些人经受不起这种考验，所以他们不敢冒风险做这种事情。而犹太人却不这么认为，他们认为失败了就失败了，大不了自己从头做起，没有什么大不了的。所以他们之中很多人能够通过风险投资一举成为世界上的大富翁。

犹太人一致认为上帝对勇士的最高奖赏就是冒险。对于那些不敢冒险的人来说，他们没有福气接受上帝赐给人的财富。犹太人在经济方面获得的巨大的成功，与他们这种冒险精神是分不开的。我们每个人在面对风险的时候，都应该向前冲，这不是莽撞的表现，这是我们勇敢的宣言。不敢冒险，你就不能领会人生路途中的好多风景，说不定也会错过好多属于你的财富。

立刻开始行动,别在等待中错失时机

独特的眼光比知识更重要。一个人如果眼光独到,就会发现别人不易察觉的事情,商人会发现商机,学者会发现未开拓的领域。在商场上,如果想要成功,就必须眼光准,这样可以少走不少弯路。很多人之所以一直默默无闻,就是因为他们没有好的眼光发现好赚钱的项目。下手快是商人的另一个特点,现在的竞争如此激烈,如果你慢一步,说不定就让你的对手捷足先登了,你损失的财富可能是巨大的。

美国一所著名学院的院长,继承了一大块贫瘠的土地。这块土地没有具有商业价值的木材,没有矿产和其他贵重的附属物,因此这块土地不仅不能给他带来任何收入,反而需要支出,因为他必须承担土地税。州政府修了一条从这块土地上经过的公路,一个犹太人刚好经过这里,发现这片贫瘠的土地正好位于一座山的山顶上,可以观赏四周美丽的景色。他同时还注意到,这块土地上长满了小松树及其他树苗。他觉得这是一个巨大的商机,于是赶紧和院长联系,以最快的时间将这块地买了下来。在靠近公路的地方,他改建了一幢独特的木制房屋,作为加油站,并附设了一间很大的餐厅。他在公路沿线建造了十几间单人木制房屋,以每晚3元的价格租给游客。餐厅加油站以及木制房屋让他在第一年净赚了15万美元。第二年,他又大肆扩张,增建了50栋房屋,每栋房屋有3个房间,他把它们租给了附近的居民作为避暑山庄，租金为每季度150美元。而这些建筑材料不必花一毛钱，因为这些木材就长在他的土地上。这排木屋的独特外表成为他扩建计划的最佳广告。故事到此并没有结束，在距离这些木屋不到5公里处，这个人又买下了一个占地面积150亩的古老且荒废的农场，每亩价格是25美元，而卖主认为这是最高的价格了。这个人马上派人建造了一座100米长的水坝，并把一条小溪的流水引进一个占地15亩的湖泊，在湖中放养了许多鱼，然后把这个农场以建房的价格出售给那些想在湖边避暑的人，这样简单地一转手，使他在一个夏天进账25万美元。

这个独具眼光的犹太人，在学院院长认为毫无价值可言的土地上创造出了巨大的财富。商人在经商的过程中，最重要的就是眼光一定要准，只有这样，才能在别人看来一无是处的地方发现巨大的财富。犹太人认为，知识固然重要，但是如果学到的知识不能用来赚钱，那学到的知识就是没用的知识。而在他们看来，眼光是比知识更重要的东西，就像例子中的犹太商人，他能在一片贫瘠的土地上看见赚钱的商机，而那位学院的院长则认为这块土地一无是处，所以犹太人能靠它发财，而那位院长只能为它埋单。

商机是转瞬即逝的东西，所以，如果你看到做某事有利可图，那么赶紧先下手为强。我们也有一句古话，就是"先发制人，后发制于人"。所以，在商场上重要的不仅是眼光要准，更重要的是得先下手，否则就可能会丧失一大笔财富。

从前，有三个犹太人在一起散步，其中一人忽然发现前方地上有一枚闪闪发光的金币，他的眼睛顿时凝固了！几乎同时，第二个人也大叫起来："金币！金币！"话音没落，第三个人已经俯身把金币捡到了手里。

第三个人就是下手快的人，他能够及时抓住到手的机会，立即行动。在众多成功的犹太人中，很多人都是以下手快取胜的。商场如战场，如果你不先下手将钱赚到手，那钱到底会是谁的还不一定呢！现在的通信业如此发达，信息在短短几分钟之内就能传遍全球，商机是有限的，它不会等待任何人，它只会追随那些能将自己紧紧握在手中的人。

毫无把握的冒险，不如果断放弃

曾经有人说，人最应该学会的是等待。但是，有时候你等来的不是你预想中的结果，不仅如此，你甚至会失去已经紧握在手中的东西，这样的等待实在是得不偿失。

《塔木德》曾告诫人们："仅仅知道等待和忍耐，不是真正的聪明。"犹太人善于忍耐和等待，但是犹太人的忍耐和等待是有原则的，他们不会盲目地等待和忍耐。如果他们觉得自己的忍耐有利可图，那么他们就会等待好时机的光临；如果他们认为自己的等待不会有任何回报，那么他们就会果断地将自己的付出全部放弃。有些人之所以会损失惨重，就是因为他们舍不得自己以前的付出，觉得自己应该再等等。这样一来，他们就会有更多的付出，他们不断重复着这种错误，直到遭受更惨重的损失。

我们真应该学习一下犹太人关于等待的哲学。据说，犹太人在进行某项投资之前，一般都会先制订一个月后、两个月后、三个月后的计划。一个月后，即使发现实际情况不如计划好，他们依然会继续追加投资，因为他们觉得这是意料之中的事情。在第二个月后，如果实际情况还是很不理想，他们依然不会就此放弃，而是会继续追加投资。第三个月后，如果情况依然不理想，他们就不会这么乐观了，他们会仔细考虑这项投资的正确性。如果照实际情况预测，以后三个月情况依旧不会改观，他们就会果断地放弃这项投资。即使先前的投入再大，他们也会这样做，避免以后更大的损失。即使这样，他们也不会唉声叹气，而是会庆幸自己悬崖勒马，没有损失更多的东西。

一天，靠炒股票发家的犹太巨富列宛，看着他8岁的儿子在院子里捕雀。捕雀的工具很简单，是一只不大的网子，边沿是用铁丝圈成的，整个网子呈圆形，用木棍支起一端。木棍上系着一根长长的绳子，孩子在立起的圆网下撒完米粒后，就牵着绳子躲在屋内。不一会儿，就飞来了几只麻雀，孩子数了数，大概有10只，它们大概是饿久了，很快就有8只走进了网内，列宛示意孩子赶紧拉绳子，但孩子还在等另外两只也进去。可是，另外两只无论如何就是不进去，不仅如此，有4只已经走了出来。这时候，列宛悄悄告诉孩子，该拉绳了，可是孩子还想再等等，但是，不一会儿，又有3只走了出来。这时列宛告诉孩子还有一只鸟在，可是孩子很不甘心，他还希望鸟能再回来。然而，又过了一会儿，最后一只鸟也吃饱了，它慢慢地走了出来。孩子很伤心，列宛抚着孩子的头，慈爱地说道："欲望无穷无尽，而机会却转瞬即逝，为了得到更多而一味等待，不采取果断的行动，不但不能满足我们的欲望，反而会让我们把原先拥有的东西也失去了。"

孩子一心想捕到更多的鸟，可是他不知道，等待让自己失去得越来越多。很多人喜欢做没有把握的事情，因为这样可以激发潜在的爆发力和战斗力，同时对自己是一次挑战，可以锻炼自己的能力，但是这种做法并不适合每一个人、每一件事。打个比方，你以前没有开过公司，你看见别人开公司很赚钱，于是自己也要开一家公司。你从毫无经验开始，一心想着赚大钱，但是你连最基本的管理常识都不知道，于是，你通过咨询专家顾问将公司开起来了，可是公司老是亏本。这样的情况下，你想等等看，说不定几周之后情况会好转，结果公司越来越难维持，你不仅没赚到钱，反而每天还要垫付不少的花销。这种情况下，如果还要一直硬撑下去，只会投入得越来越多。所以，在做没把握的事情的时候，人应该及时反省一下，看自己一直等待转机时刻到来的做法是不是对的。实在没有希望迎来转机的时候，我们应该学习一下犹太人及时放弃的精神。有时，放弃不是证明自己输了，而是明智的选择。

第06章

善于借势，借他人之力成自己之事

懂得借力借势的人，成功不费力

犹太商人认为，任何事业的成功都不是靠一步登天实现的。不过，登天的办法多种多样，如果善于借助别人的力登天，则既便捷又省力。善于借力的人精于借助别人的手打出适合自己的力，这样既可以打出力，又能节省自己的力，何乐而不为？

犹太民族经过战争的风雨洗礼，已经变得一无所有，但是他们懂得借助别人的力来打出自己的拳。他们就这样白手起家，借助别人的势撑起了自己的船，借助别人的力打出自己的拳，从而在金融界越来越富有，越来越有声望和名誉。

犹太大亨洛维格就是一个善于借助别人的力来成就自己事业的人，他最初创业的时候白手起家，正是凭借别人的力量，他才能成为今天的亿万富翁。洛维格拥有6艘当时世界上吨位最大的油轮，他还经营着旅游、房地产和自然资源开发等行业。洛维格做的第一笔生意是将一艘已经沉入海底的约26英尺的柴油机动船打捞出来，然后用了4个月的时间将它修好，并承包给别人，他从中获利500美元。青年时期的洛维格在找工作的时候处处碰壁，搞得债务缠身，经常有破产的危机。在他快30岁的时候，他忽然有了一个赚钱的想法。于是他向银行借款，希望银行能贷款给他,让他买一艘标准规格的旧货轮,他准备动手将旧货轮改造成性能强的油轮。但是,银行没有答应给他贷款,因为他没有可以作为担保的东西。于是,洛维格有了一个更为超越常理的想法。他有一艘只能用来航行的旧油轮,他将它租给一家石油公司,然后找到银行的经理,告诉对方自己有一艘被石油公司包租的油轮,这样每月的租金就可以打到银行作为贷款的利息。银行考虑到有这家效益很好的石油公司的租金,在一番交涉下,终于决定给他贷款。洛维格的计算非常严密,他正是因为看中这家石油公司的效益好,而且石油公司的租金正好够贷款的利息,所以才会有这样的想法。后来,洛维格用贷款买到了自己想要的油轮,并加以改装,使其变成一艘航运能力较强的油轮,用同样的方式将它租了出去。然后,他又借了一笔款,又买了一艘船,并又将它租了出去。就这样,他的船越来越多,随着贷款的还清,他的包租船就归他所有了。

洛维格之所以能成功,就是因为他能借助别人的力、别人的势壮大自己。他从最初的一无所有到最后的亿万富翁,让人瞠目结舌。他从石油公司借到势,在银行里借到钱,用借到的钱再壮大自己的势,就这样,凭借良好的循环,他的钱越来越多,资产越来越雄厚。

《塔木德》一直在向犹太人宣扬聪明人应该学会借用别人的势、别人的力来成就自己的事业。犹太人的经典名言就是:"借别人的鸡,下自己的蛋。"很多成功的犹太人在开始创业的时候都是白手起家的,但是,他们能够运用自己的智慧,借别人的力打自己的拳,这是一种商业智慧,犹太人的这种智慧让全世界钦佩。

就像杠杆一样,犹太人就是习惯找准施力点,使用微小的力,撬动比自己大几倍甚至几十倍的东西,这就是聪明的犹太人的思维。所以犹太人能不断地在金融界创造出越来越多的辉煌。

世界上的事情就是这样奇特。有些人一直在抱怨,自己很想做成某事,但是没有资金,没有客户,没有人脉……什么都没有,根本就做不成。就这样,在做事之前,他们已经失去了信心。而犹太人之所以能白手起家成为令世人艳羡的富豪,就是因为,在别人还在埋怨少这少那的时候,他们已经在思考借助什么样的力量来成就自己的事业了。犹太人用自己的经历向我们阐释:只要想做,就没有做不到的事;没有东西不要紧,只要善于借力,就能成就一番事业。

站在巨人的肩膀上,推开自己的成功之门

古人说:"下君之策尽己之力,中君之策尽人之力,上君之策尽人之智。"古人很早就已经认识到个人的力量是有限的。要想成就一番大事业,凭借自己的力量是远远不够的,借助别人的智慧成就自己的事业才是真正的成功人士选择的道路。

美国前国务卿基辛格,在处理白宫内部工作的时候,就是一位典型的巧借别人力量和智慧的高手。他有一个习惯,下级呈报上来的方案或议案,他都是先压上三天,然后将呈报人叫来问:"你认为这是最成熟的方案(议案)吗?"对方肯定会陷入思考,觉得自己的方案不够成熟,于是基辛格就让对方拿回去重新修改。下级将修改后的方案再次呈报给基辛格时,基辛格就会将方案翻阅一遍,然后再问道:"你认为这是最好的方案吗?还有比这更好的方案吗?"下级肯定会陷入更深层次的思考,他们会觉得也许自己某个地方确实不够成熟,于是再拿回去重新修改。就这样,一份方案被修改了几回之后,已经使人充分发挥了自己的聪明智慧,这时基辛格的目的也就达到了。基辛格就是用这样的方式借助别人的智慧达到自己的目的。

基辛格的这种做法不仅使自己事半功倍,节省了不少的时间,还能让别人充分发挥自己的智慧,既可以锻炼下属的能力,还能让他们增长才干,不愧为一种精明的犹太人借助别人智慧的方法。

一个事必躬亲的人是不会将事情做好的,而且,事必躬亲不仅处理不好所有的事,还会将自己搞得身心疲惫。这种费力不讨好的事情只有愚蠢的人才会做。

现代社会的分工越来越细,各行各业的精英越来越多,每个企业中都有很多小部门,领导者不可能凡事亲力亲为,这时候，需要的就是利用别人的智慧成就自己的事业。所有的大企业都有一个共同的特点，就是能够人尽其才，领导者会根据每个人的特点和特长进行分工，让他们在适合自己的位置上将自己的聪明才智发挥得淋漓尽致，这就是大企业能不断成功的原因。美国的钢铁大王卡内基曾预先写下这样的墓志铭："睡在这里的是善于访求比他更聪明者的人。"卡内基能从一个钢铁工人变成钢铁大王，虽然与他自身的努力分不开，但是更重要的是他善于发掘更多优秀人才为他工作，使他的工作效率大大提高，收获的回报增长了成千上万倍。

成功不是一个人或一个团体就能做到的，它需要集中无数人的智慧才华，只有集合集体的力量，才能在风云突变的今天不断前进。美国之所以成为世界第一大国，就是因为它很早就已经预测到21世纪最有价值的是人才，其他的东西都是可以通过人才得到的。所以，在第二次世界大战的时候，他们最抓紧做的事情就是网罗世界各地的各个行业、领域的科学家。战争结束后，美国飞速发展，现在的美国已经是世界上公认的第一大国，它借用了其他人的智慧，成就了自己的伟业。

"好风凭借力，送我上青云"，一个聪明的犹太商人往往善于借用别人的智慧成就自己的事业，古人也说，"尽人之力，不如尽人之智"。每个人的智慧都是不能直接衡量的，一些成功的犹太商人十分懂得适当地放手，让自己的手下去做他们应该做的事情，自己只负责统筹管理。只有相信别人的人，才能让自己的事业越做越好。一个整天担心这个做不好、那个也不行的老板，公司的员工也不会长久地追随他。只有确定了分工，每个人都各负其责，将自己的事情做好，成功才会近在眼前。

犹太人善于借助别人的智慧成就自己，这不仅表现在商场上，还表现在学术和科学研究方面。之所以有那么多犹太人获得诺贝尔奖，是因为他们中的很多人能够在别人研究的基础上，借助别人的智慧，进行更深层次的研究，如此一来，他们的成功也就是意料之中的了。例如，物理学家布洛赫能够在原子核磁场方面取得骄人的成就，与他得到著名物理学家量子力学奠基人海森堡的指导和影响是分不开的。

顺势而为，借势也讲究时机和分寸

"与其待时，不如乘势"。红顶商人胡雪岩曾经说过："顺势是眼光，取势是目的，做势是行动。"在犹太商人的眼中，乘势同样是成功的一个主要因素，所以成功的商人应该是乘势的高手。乘势在军事上表现为四两拨千斤，而在商场上就是一笔巨大的财富，有人凭借乘势一夜之间成为百万富翁，有人不会乘势，只能眼睁睁地坐失良机。

美国的食品大王鲍洛奇，就是乘势慢慢地成为美国食品界翘楚的。第二次世界大战爆发的时候，战场上的粮食蔬菜供应紧张，鲍洛奇听说日本侨民在花园里生产古老的东方蔬菜——豆芽，对此产生了浓厚的兴趣。他来到这群人中间，发现他们将豆子放进钻了孔的木桶中，只要按时给它加水，白嫩嫩的豆芽就会像魔术一般冒出来。于是，他将这一"伟大发现"告诉他的合伙人贝沙，并且告诉他这一发现将会为他们带来无尽的财富。但是贝沙不这样认为，他觉得这是一笔小生意，而且豆芽是东方食品，能不能在这里打开市场还是一件未知的事情。但是鲍洛奇有自己的见解，他认为，现在正是战争时期，食品的供应很困难，豆芽的生长不受地点和气候的影响，很有营养，成本也不高，是理想的蔬菜代用品。再说，美国本来就是一个猎奇的民族，豆芽本身具有很悠久的历史和很浓烈的东方色彩，美国人肯定会对其产生浓厚的兴趣，它的卖点确实很多。于是，鲍洛奇开始经营豆芽的生意，结果果然如他所料。他按照自己的设想一步步走下去，后来真的成了东方食品大王，鲍洛奇的东方食品被美国的食品市场接受，并在传统的食品市场中找到了自己的位置，取得了巨大的成功。

鲍洛奇就是这样凭借战争的时机发财的，因为他的合作伙伴不会乘势，所以成为东方食品大王的只有鲍洛奇。由此我们可以看出，借助恰当的时机，一样可以取得令人艳羡的成就。

很多成功的犹太人就是借助恰当的时机成功的，一般人遇到战争是只会惊慌失措地寻找一个安全的避难所，只有那些颇具眼光的人才会在战争的背后看见巨大的发财机会。"乱世出英雄"这句话实在是太准确了。只有那些能在战争中发现商机的人,才会在战争中赚到别人赚不了的钱,这就是借助恰当的时机乘势而上的巨额回报。

一位犹太人在美国居住,当美国出现经济危机时,东西便宜得不可思议,经常是用几美分就可以买到不少的东西,而且,由于很多东西卖不掉,人们就直接将其扔在路边。这位犹太人想,虽然现在商品贬值,但是国家肯定会进行宏观调控,过一段时间,东西肯定就会恢复原来的物价,到时候现在这些不值钱的东西肯定会很值钱。于是,在别人纷纷将货物以低价尽快出售的时候,他却将其买回来。虽然他的妻子很不理解,但是他们还是拿出了几乎全部的家产收购这些东西。不久,国家为了稳定物价,实行了宏观调控政策,将商品的价格抬高到原来的物价,这时他觉得时机已经到了,就将手里的东西卖出去,他的妻子觉得,如果再等等,说不定价钱会更高,但是,他还是按照自己的思路,将东西全部卖出。不久,由于市场饱和,很多商品的价钱逐渐降了下来。这位犹太人趁此机会赚取了大量的财富。

成功人士很早就能看出借助时势赚取财富的大好机会,于是,他们在恰当的时机乘势而上,在没有时势的时候,就制造时势,因为,时势对于一心想成功的人来说,就是一条捷径,谁抓住了它,谁就是明天赢在人生巅峰的佼佼者。一些人之所以总是不成功,不是因为他们不够机智、不够勇敢,有时候就是因为他们没有乘势而上，这样的人实在是太可惜了。成功的双臂已经向他们招手了，就是因为他们没有抓住时机乘势而上，所以他们就这样与成功失之交臂，这样的例子实在是太多了。

所以，要想成功，就必须会抓住时势，然后乘势而上。只有这样，才能取得梦寐以求的成功。与其坐等时机，不如乘势而上，因为时势是成功者的摇篮。

借助他人的名气，让自己也出名

有些商家经常会碰到这样的情况，自己研制的某种商品，因为生产出来的时间比较晚，所以，虽然质量好，但销路并不是很好。而且，由于别的商家已经将市场占领，这时要想在原有的市场上开辟出一片属于自己的天地，很不容易。然而，有些商家对此则不会发怵，他们会借名扬名，一鸣惊人。

20世纪50年代，有一个名叫约翰逊的犹太人创建了只有500美元资产的约翰逊黑人化妆品公司，初创的时候公司只有三个人。在当时的社会，人们买化妆品全是冲着名牌去的，像这样的小公司根本就不会有人关注。情况也确实如此，产品推向市场后，销路一直不好，甚至快到赔本的地步了。约翰逊决定改变这种现状。当时，美国黑人化妆品市场最有名的公司是佛雷公司。在约翰逊公司生产出一种粉质化妆膏后，约翰逊想出了一个借名扬名的好办法。他投入大量的广告资金，在化妆品的专柜上到处可见这样的广告词："用佛雷化妆之后，再涂上一层约翰逊粉质化妆膏，会有意想不到的效果。"这样一来，约翰逊化妆品的市场占有率就大大提高了。接着，他们又推出了一系列其他产品，并加大了广告攻势和宣传力度，用了短短几年的时间，约翰逊黑人化妆品公司就和佛雷公司在销量上不相上下了。后来，美国的黑人化妆品市场成了约翰逊的天下。

由此我们可以看出，借名扬名也是成功人士获取成功的一条可选之路。在犹太人中，像这样在狭缝中慢慢壮大、最后获得成功的人不在少数，他们凭借自己的智慧和独到的眼光，在一条条别人看来已经毫无胜算的路上，在别人惊诧的眼神中逐渐走向成功。很多人之所以不成功，一是因为没有他们那样的胆识；二是因为没有成功的眼光。即使自己的商品不差，如果不知道该怎样将自己的商品推向大众，等待他们的就只有死路一条。

有一位犹太人自己投资成立了一家生产纸巾的工厂，由于纸巾的市场早就被一家老字号工厂占据了，要想占有市场，必须得有一些克敌制胜的绝招。这位犹太人亲自去市场调查，他发现，在超市的货架上，老字号的纸巾一般都摆在比较显眼的地方。于是他就和柜台的经理商议好，将自己工厂生产的纸巾摆在老字号纸巾的旁边，这样一来，顾客在注意到老字号纸巾的时候，也会注意到它旁边犹太人所生产的纸巾。这样一来，顾客就会觉得，这种纸既然可以摆在这个位置，那质量肯定也不差，于是就会买些试试。结果，顾客发现这种纸的吸水性更好，而且价格更便宜，于是犹太人生产的纸巾就这样渐渐和老字号纸巾不相上下了。

当自己的商品没有市场的时候，我们不妨学一下犹太人这种借名扬名的做法，这种方法既简单又实用，有时甚至会取得意料不到的结果。这样不仅可以打开市场，而且会收获巨额的利润。现在许多商品就是借助名人效应才在市场上逐渐兴盛的，很多人买东西不是冲着商品去的，而是冲着为它代言的名人，一贴上名人的标签，原来的商品就会价值倍增。由于名人的影响，商品会逐渐被人们记住，知名度也会渐渐提高。借助名人效应为自己的商品做广告，借助公众对名人的认同心理，使商品深入人心，这确实是明智之举。

有些商家看中了名人效应，紧跟时代之风，让时下一些炙手可热的明星为其商品代言，有些商家也经常出资举办一些名人能出席的活动，或是赞助一些全国性的选秀比赛，使人们随时随地都能见到这种商品的品牌。如此，这些广告就会妇孺皆知！

现在的市场竞争如此激烈，商家要想出各种各样的能够提高商品知名度的方法，无数商家的成功经历告诉我们，借名扬名确实是一个十分有效的宣传商品的办法。

必要的时候，名人效应很管用

在我们学的成语故事中，大家一定对狐假虎威的故事耳熟能详，狐狸借助老虎的权威着实风光了一把。这样的事情不仅可以出现在童话故事中，在现在的商业中，有时候同样可以请一些能为商品提高名气的名人来为自己的商品作广告，以提高知名度。犹太人在商业中将这一借用名气的原则称为名人效应。

所谓名人效应，就是借助名人的影响力来影响社会，现在的很多商品，就是因为名人的代言才出名的，这种现象，在我们国家非常普遍。不仅小到日用品，就是家居用品、办公用品，名人的代言也俯拾皆是。名人效应不仅可以影响人们的精神生活，而且影响着人们的物质生活。

犹太人在经商的过程中就非常会借助名人效应。一些名人基本上是妇孺皆知的，这样的人在社会上最有影响力，尤其是当他的粉丝挺多的时候，让他代言某种广告，效果自然就会非常好。普通人往往都有追星的倾向，如果某个明星在用这一商品，而且既然明星都说这个商品的效果很好，那自己也值得试一试，于是很多人争相购买某类明星所代言的商品。商人正是揣摩透了大众的心理，于是纷纷找一些能够将自己的商品带红的明星，为自己代言或者是做广告。

一位犹太心理学家在给大学心理学系的学生上课时，做了一个实验。首先他向大家介绍了一个客人，说这个客人是一位从德国来的著名的化学家。然后这位化学家向大家作演讲，这位化学家用他那带有很浓重的德国口音的英语向大家介绍道，他在做实验的时候发现了一种新的化学物质。同时他还拿出了一个小瓶子，说这种物质有很强的刺激性气味，但是它对人们没有害处。说到这里的时候，他还将瓶盖打开，并且让那些闻到气味的同学举起手来，有一大部分的学生都举起了手，说自己闻到了那种刺鼻性气味。瓶子里装的到底是什么呢？是新物质吗？不是，瓶子里面装的根本就不是什么有刺激性气味的新物质，而是一瓶蒸馏水。为什么会有那么多的学生举起手来？就是因为名人效应，因为学生相信那位化学家的权威和名气，所以就认定那小瓶里装的就是那种新物质。假如，专家在一开始的时候说，这就是一瓶蒸馏水，还有谁会说自己闻到了刺鼻性气味呢？

名人效应是一种客观存在的社会现象，在社会上普遍存在，人们经常会受到这些名人效应的影响，消息传播者的名气越高，威信也就越高，人们受到他信息影响的程度就会越深。现在，很多商人在为自己的商品提高名气的时候，首先就会将自己的目光投注到那些正在蹿红的明星身上。因为明星的高知名度可以为商品带来高注意力和视觉冲击力，而且，由于名人的带动，商品的知名度也会跟着提高。有些名人因为商品代言的效果好，其自身的地位名气也会提升，而名人的名气一旦上去了，这个商品的销路就会更加红火，这都是相辅相成的。名人效应最重要的就是能够起到一种模范带头的作用，引起人们的竞相模仿。有些普通的民众也会因为自己喜欢的那位明星为某类商品做广告而对那种商品也感兴趣，这就更加带动了人们的消费需求。

中国的一些名人在为商家的商品做广告时，往往不会亲自试用；但是，犹太的名人做广告之前，一定要先试用这种商品。当这种商品自己用来真的感觉很好时，他们才会为这种商品做代言；否则，如果商品出了问题，他们也是要受到责罚的。所以他们的名人效应更具有真实性和可靠性。

借用名人效应的情况，在我们国家更是处处可见，现在的很多商品都是借用名人的效应，不管对方是新近崛起的选秀明星，还是老牌明星，是电视剧热播的主角，还是名气响当当的运动健儿，只要能为自己的商品提高知名度，只要对方炙手可热，不管自己花多少的资金那都是可以接受的。

看来，商家要是想在市场上占有很高的分量，想尽快提高自己商品的知名度，借用名人效应也是一种明智的选择。

第07章

另辟蹊径,不走寻常路才能走出自己的路

为自己定制一个高端的发展路线

我们一直赞成的一种商业观点是薄利多销，因为这样消费者就会觉得很实惠，从而广开销路。通常人们认为这是加速资金周转、累积利润最有效的途径。而犹太人却经常是厚利适销。也就是说，同样的商品，他们以比其他商家高的价格销售。人们普遍认为这样会使商品更难卖出去，结果却不然，因为这样就使商品的档次上升了，可以满足一些中产阶级或者上流人士的需要。这就是犹太商人一种反弹琵琶的经商策略。

有一个贫穷的妇女到集市上去卖苹果。虽然她的苹果是集市上最好的苹果，但是她没有向路过的行人宣传这一点，她不知道该如何为自己的苹果吆喝。从上午一直到傍晚，都没有人来买她的苹果。这时，走过来一个拉比（在社会上受尊敬的宗教知识分子），她对拉比说："充满智慧的拉比啊，我现在一个苹果都没有卖出去，我明天都不能过安息日了。我该怎么办？"拉比俯下身子，仔细看了看她的苹果。他发现她的苹果是集市上最好的苹果，于是他就站在一块比较显眼的石头上，喊道："有没有人想要最好的苹果？"他喊了三遍以后，人们纷纷向这边涌来，妇人被包围在一个小圈子里，在人们的哄抬中，价格上涨了三倍，妇人的苹果也全部售出。这时，拉比又大声说道："善良的人啊，假如你们从商，你们的商品如果有缺陷，那你们要说出来，这样人们就不会觉得你们是没有诚信的人；如果你们的商品是最好的，那也要说出来，因为，如果你们不说出来，顾客又怎么会知道你们的商品好在哪里呢？"一位年轻人问道："好就是好，为什么还要说出来呢？这样不就让人觉得是在自夸吗？"拉比回答道："如果你不说出来，顾客就会把质量差的商品买回家，你这就是在帮助奸商欺骗顾客，这样你的商品也会因此受到影响卖不出去啊！"

犹太商人这种反其道而行之的商战策略，也是他们能够赚取大量利润的原因之一。而在有些地方，商家只会采用互相压价的策略在同行竞争中取胜，以致使商品的质量越来越差，不能满足不同层次人们的需求，使商品越来越卖不出去，就这样进入了一个恶性循环。而犹太商人就不会在这样的怪圈中打转，他们会想到这种反弹琵琶的策略，结果证明这是一种正确的策略。

精明的犹太商人为了避开薄利多销的冲击，一般会选择厚利的商品。他们的销售对象一般是有钱人，因为有钱人不会太介意商品的价格，而且，在他们看来，如果价格太低，他们会觉得不够档次，所以，你的价格定得高一点儿，他们反而会觉得物有所值。而一般的小商家做不起这种生意，所以这样势必就会减少竞争。而这种厚利适销的策略，慢慢地也不仅局限于上流社会，因为中产阶级也会慢慢地向上流社会看齐，两三年之后，这种厚利的商品就会流入中产阶级。而且，现在的社会，人民的物质水平已经有很大程度的提高，很多厚利的商品也开始渐渐流入寻常百姓家。由此我们不得不惊叹，犹太人的厚利适销也是一种长远的发展战略啊！

犹太商人揣摩透了消费者的心理，所以他们能在其他商人都采用薄利多销策略的今天，将自己的生意做得红红火火。

精明的商人应该像犹太人一样，能在众多商家共同走的路上寻找出一条适合自己的道路。有时候反弹琵琶会收到意想不到的结果，只是很少有人会有这种反其道而行之的想法；即使有，很多人也不敢轻易尝试，因为没有先例，自己又实在没有勇气以身试法，只好跟着别人走，别人向东自己也向东。这样一来，即使走进死胡同也不会太过伤心，因为大家走的都是这条路。

没有被关注到的地方蕴藏财富

犹太人的经商思维是世界上最惊人的，他们往往能在一些看似没有任何商机的领域看到赚钱的机会，然后，在别人目瞪口呆的表情中，他们将自己的盆钵用金钱装得满满的，这就是精明的犹太人的一种冷门思维。他们认为，越是冷门的行业，它的发展前景越大，自己赚取利润的机会就越多。

1973年，美国吉列公司在市场调查中发现，在被调查的8360万名30岁以上的妇女中，大约有6490万人为了自身美好的形象，需要定期刮腿毛和腋毛。但是当时市场没有专门女性用的刮毛刀，所以，在这些妇女中，除了有4000多万人使用电动刮胡刀和脱毛剂外，其他2000多万人使用的都是男性的刮胡刀，一年的费用高达7500万美元。于是，吉列公司在1974年向女性推出了女性专用的雏菊牌女性专用刮毛刀。所有的人都认为吉列发疯了，他们认为这种刮毛刀的销量肯定不会好，因为已经有那么多的去毛方式可供女性选择，结果产品一流入市场，就引起了女性朋友的关注，她们纷纷解囊。事实证明，吉列的选择是正确的，它的刮毛刀畅销全美国，销售额高达20亿美元。美国吉列公司就这样大赚了一笔。

犹太商人就是能经常这样抓住市场的空隙，避开竞争对手，看好市场空白，有力地抓住市场的机遇，狠狠地赚取财富。他们一般会选择市场上没有人看好的机遇下手，这样不仅可以避开竞争对手的竞争，而且，现在还是冷门的行业，将来也有变成热门的可能，但是，这需要一定的时间，在一段时间内，资源的价格还比较低廉，耗费的精力也不是很多，市场的价格也不会时时波动。这种时候，谁先占有了空白市场，谁先做了独家生意，谁往往就能掌握市场的主动权。

有这样一个小故事：两个人到某地去采购茶叶，这里的茶叶在市场上十分走俏。由于商人甲先到一步,所以他就将这里的茶叶全部抢购一空。商人乙到了以后,非常失望,但是,失望之余,他也看到了一些商机,于是他将这里的茶篓全部收购了。商人甲为了将茶叶运输出去,不得不花高于平时几倍的价格买下了茶篓。由此我们可以看出商人乙的精明智慧,他正是看见了市场的空缺,所以才能赚取到茶篓的钱,如果他只看见商人甲将茶叶全部收购了,自己已经没有任何的机会,于是败兴而归,那么他又怎么可以赚到钱呢?

犹太人说:"抓住好东西,无论它多么微不足道,伸手把它抓住,不要让它溜掉。"人们经常会跟着社会的形势走,看见某行业很赚钱,大家就蜂拥而上,然后竞争就开始激烈了。真正成功的商人,是不会跟着时尚随风而舞的,他们一般都会有自己独到的眼光,能在别人失去理智、没有思考能力的时候,冷静地思考出一条真正适合自己的路。

在犹太人看来,很多时候市场上不是缺少商机,而是缺少发现商机的眼睛。很多行业都是由冷门慢慢地变成热门的。这不是一蹴而就的,很多时候是人们发现它的商机大、盈利多,于是一拥而上,将原来的冷门变成热门,当热门饱和的时候就会变成冷门。很多人不明白市场经济学是怎么回事,他们只是紧跟着市场的行情走,市场的行情归根结底是由人创造的。成功的商人是让市场跟着自己走,而不是自己被动地跟着市场走。

市场的发展谁也不能预料，今天的冷门也许就是明天的热门，而今天的热门保不齐到明天就是一个大冷门。成功的商人是一直在跟着冷门走，当他们把冷门变成热门后，他们会接着寻找下一个冷门。一笔一笔的财富就这样不断地流入他们的口袋，而其他的人只能眼睁睁地看着财富流入别人的口袋。

懂得逆向思考的人能够先发现财富

在纽约的一条街上，有三家裁缝店，而且三家裁缝店的距离很近，竞争的激烈程度可想而知。三家店都想招揽更多的顾客，但是如何才能将更多的顾客招揽到自己的店中呢？他们都为此大伤脑筋，因为技术问题不是能立竿见影产生效果的，于是他们纷纷考虑其他的招数。有一天，第一家裁缝店在门口挂出了一个招牌，上面写着"纽约最好的裁缝店"。第二家裁缝店的店主见第一家挂了这么一个招牌，心想，他的口气这么大，我只能比他口气更大了。于是他在第二天也挂了一个招牌，上面写着"全国最好的裁缝店"。第三家是犹太人开的店，老板娘见前两家这样大言不惭地挂出招牌之后，就对丈夫说："我们只能说是世界上最好的裁缝店了，不然压不过这两家啊！但是这样也太虚了吧，别人会笑话我们的，你说我们该怎么办啊？"丈夫微微一笑，说道："不用担心，他们两家挂出的招牌其实是在为我们做广告呢！"第三天，第三家也挂出了一个招牌，上面写着"本街最好的裁缝店"。就这样，第三家裁缝店招揽了更多的顾客。

犹太人没有按照正向的思维方式思考这个问题，他运用了逆向思维。正是因为他能运用逆向思维思考问题，所以才击败了竞争者。这种别出心裁的逆向思维方法，有时候能产生意想不到的效果。有时候，正向思维解决不了的问题，运用逆向思维，可能会使问题迎刃而解，关键取决于思考问题的人有没有逆向思维的能力。

有一个盲人去朋友家做客，很晚了才回家，朋友让他带盏灯，可是盲人坚决反对，他想，反正自己的眼睛看不见，带灯和不带灯没有什么区别。于是，在好友无奈的叹息声中，他离开了朋友的家，往自己家的方向赶。在路上，由于天太黑，一个人直接撞到了他的身上，那个人接着就愤愤地骂道："你眼瞎啊！不看路啊！"盲人说道："是啊，我是看不见，难道你也看不见吗？"对方这时才发现这个人是个盲人，于是说道："你是个盲人，怎么不带盏灯呢？"盲人这时候才明白了朋友的好意，朋友让他带盏灯，不是为了给他自己照路，而是为了提醒别人，这样别人就不会撞到自己了。可是自己根本就没有领会朋友的好意，还觉得自己很正确呢！

人在正向思考的时候很容易走进死胡同，不知道自己忽视了一些问题，这个时候逆向思考就能发挥惊人的效果。逆向思维随时随地都可以使用，只是由于人们已经习惯运用正向的思考方式来解决问题,所以经常会忽视逆向思维。

逆向思维能使人们打破原有的思维模式,摆脱原有的思路,另辟蹊径,找出解决问题的新办法,会让人们有一种耳目一新、豁然开朗的感觉。人类历史上的很多技术难题都是运用逆向思维解决的。正向的思维使人的思路越变越窄,而如果从反面去考虑问题,就不会局限在原来的层面上。从其他角度找到解决问题的突破口,不仅能大大缩短解决问题的时间,而且不会花费太多的精力。

很多成功的犹太人就是因为能另辟蹊径,能够在别人看不见商机的地方发现特殊的商机,才获得成功的。犹太人很重视培养孩子的逆向思维,在犹太人的从商生涯中,这种思维方法也能帮他们解决不少商业上的难题。比如,将不小心烧了洞的裙子做成凤尾裙;将不小心染上颜色的布做成迷彩服……犹太人就是凭借这种智慧使做不下去的生意起死回生的,他们运用自己的才华和智慧将自己的事业做得红红火火。

逆向思维能帮助我们解决棘手的问题,并且具有普遍适用性,几乎各行各业都可以使用。所以,我们应该开动脑筋,让逆向思维在我们的生活中处处开花。

发现路不通时,与其折返不如另辟蹊径

人们在生活中,经常会走入死胡同,这时不但不能解决问

题，还会让自己越来越烦躁，于是问题越来越棘手。这时候，人们应该学会换一种思路来解决这个问题，就像在数学中遇到问题的时候，如果这个方法解决不了，就要想另外一种方法来解决。

犹太人在经商中遇到问题时，不会被问题困在一个怪圈里，而是转换思路，用其他的办法将问题解决。如果制度规则成了解决问题的障碍，他们就会想方设法改变制度规则上的缺陷，毕竟制度规则是死的，人是活的，人不可能一辈子活在已僵化的制度下。

一个建筑工地上，几个工人在为一栋新修的大楼安装电梯，他们遇到了一个非常棘手的问题：要把电线穿过墙里面一根直径只有3厘米、长却有10米的管子，这真是一个难题。他们试了好几种办法，都没有将问题解决。这时，一个犹太小伙子想到了一个解决问题的办法。他找到一雄一雌两只老鼠，将电线拴在雄性老鼠身上，将雌性老鼠放在电线管道的另一端。这时，使劲一捏雌性老鼠，它就会发出"吱吱"的叫声，雄性老鼠听见雌性老鼠的声音，便飞快地穿过管道向另一边跑去，就这样，电线穿了过来。

用寻常思路解决不了问题时，换一种思路，就会有柳暗花明的感觉。人不能将自己局限在一个思考层面上，否则只会让自己的思路越变越窄，不但无法解决问题，还会让情况越变越糟。

第07章 另辟蹊径，不走寻常路才能走出自己的路

有个犹太商人借了高利贷，但是商人的生意失败了，他欠的高利贷一时还不上。在那个时代，商人会因借钱不还入狱的。放高利贷的人看上了商人的女儿，于是就说，只要商人的女儿答应做自己的妻子，借款就一笔勾销。商人的女儿见放高利贷的人又老又丑，当然不乐意。于是放高利贷的人说，现在他拿两块石头放到袋子里，一块白色的，一块黑色的，如果商人的女儿摸到白色的石头，那么借款就可以不用还了，而且商人的女儿不用嫁给他；而如果是黑色的石头，那商人的女儿就要嫁给他，借款一笔勾销。商人的女儿同意了，但是，她看见放高利贷的人在捡石头的时候捡了两块黑色的石头。她想，如果按照一般的方法处理这件事情，肯定不可行，于是就想了一个办法来对付这个放高利贷者。她摸了一块石头，拿出石头的时候，手故意一松，石头掉在了地上，混到了很多相同的小石头中，再也找不到了，于是她说道："既然我摸出的那块已经找不到了，那么看看里面那块是什么颜色的就知道我摸出的是什么颜色了。"口袋里的石头当然是黑色的。于是商人的借款一笔勾销，商人的女儿也不用嫁给那个放高利贷的人了。

商人的女儿就是利用自己的机智，转换了思路，既替父亲免除了欠款，也让自己摆脱了放高利贷的人的纠缠。有时候，人在一条路上走不下去的时候，就需要换一个思路，这头不通走那头。大凡成功的商人，往往都具备这种思维。

换一种思路就是让自己的思路转换到另一个角度。很多时

候，人们坚信自己的观点做法是正确的，于是就一条路走到黑，结果很无奈地发现，这条路是死胡同。虽然自己可以重新再去寻找另外一条适合自己的路，但是，所花费的时间、精力，以及所有的付出，都会付诸东流，这是一件很让人惋惜的事情。犹太人经商的时候，就不会出现这种情况，他们会在投资一个项目之前制订下一个计划，假如计划在实行三个月以后还是不理想，他们就会毫不犹豫地将其舍弃，果断地进入下一场投资中。

逆向思考帮你摆脱困境

从前，有一个海岛，海岛上有大量沉积多年的珍珠，只是人们根本就上不去这个海岛，只有海鸟能飞上去，它们经常去那里吞食珍珠。渐渐地，人们知道了这个消息，很多人带着枪来捉岛上的海鸟，希望能够获得大量的珍珠，发大财。于是海鸟的数量渐渐减少了，就是幸免于难的海鸟，也天天过着战战兢兢的生活。有一天来了一位商人，他在海鸟经常栖息的另一个岛上，买下了大片的森林，并在森林的边上，围了一圈的栅栏。他告诫自己的仆人，不许用枪打或者驱赶海鸟。当海岸边的枪声一响，就会有海鸟不经意地闯进他的森林。渐渐地，海鸟就发现，这是一个良好的栖息地，海鸟们都愿意来他的森林里栖息，它们在这里再也不用提心吊胆地生活。等海鸟渐渐地在这里稳定下来以后，他就用各种各样的粮食和果实做成各种鲜美的食物喂给海鸟吃，海鸟贪吃，它们吃得很饱，于是就把肚子里的珍珠吐了出来。这时他就让仆人去捡，就这样，这个人成了百万富翁。

同样是为了得到珍珠，这个商人的做法是让海鸟们心甘情愿吐出珍珠。这个商人善于从侧面挖掘有利于自己的信息，他没有像其他人一样，这才是真正成功商人的做法——他们的目的可能和大多数人的目的一样，但是，他们能够通过自己的智慧，让自己的问题得以非常圆满地解决。

犹太民族是一个历经了重重磨难的民族，这些磨难让犹太人成了无家可归的流浪汉，他们奔波于世界上的各个地方，同时也正是这些磨难让犹太人拥有了世界上巨额的财富。如果他们一味地沉浸于国破家亡的伤悲中，那么他们永远也无法走出这个阴影，更不能赚取那么多的财富。

有一个犹太家庭在战争中被毁了，孩子一直哭泣，父亲在旁边安慰他说："不要哭了，孩子，没有人会在意我们的哭泣，我们哭得越厉害，那些破坏我们家园的人就越开心。"然后父亲又对孩子说："孩子，这时候的你，一定不要只看到眼前的这种情况，这只是暂时的。只要活着就有机会，尤其是现在这种战争的时候，我们的机会就更多。我们可以把粮食、药品用很便宜的价格买进来，然后再以较高的价格卖给其他人。我们可以把脏水多过滤几次，这样就可以变为清水，然后将它卖给那些需要水的人。现在的人都很缺钱用，我们把钱借给他们，然后再收取一些利息，这样，等过一段时间，我们的钱就会变成双份的钱。现在他们毁了我们的家园，没关系，我们会连本带利地一起赚回来，以后我们会建一个比这好百倍的家园。"孩子恍然大悟，说道："爸爸，我明白了，以后遇到什么事情我都不会哭了，首先想到的事情是看看能不能从中找到机会。"父亲笑了："现在，你才是个真正的犹太人。"

犹太人就是这样经常反向思考他们遇到的事情，当所有的人都在战争面前变得手足无措、四处逃难的时候，他们看到的是赚钱的机会，"塞翁失马，焉知非福"，这句话用在犹太人身上是最恰当不过的了。世界大战、军事战争、经济危机让好多人一夜之间由富豪变为贫民，也有好些人会从一文不名变成世界宠儿。犹太人就是这样一群人，在战争中，他们可能会失去家园、失去家庭，妻离子散，也可能会失去生命，但是只要活着，他们就认为自己还有机会，他们可以重建家园，可以寻找妻子孩子，可以将自己的身体养好，只要还活着，一切都有可能。于是在别人都忙忙碌碌地饱受战乱之苦的时候，他们看到的是巨大的商机和利润。好多成功的犹太人就是凭借战争而发大财的。

很多人经常遇到事就赶紧往后躲，觉得多一事不如少一事，很多机会就在这种躲避的过程中与他们擦肩而过。很多时候，将事情换一个角度去思考，反过来再打量，就会发现其实事情并不是那么糟。自己当初看到的或许只是冰山一角，真正掩藏的对你来说可能就是天大的机会呢——这也说不定。

第08章

机敏变通,审时度势随时优化方向和方法

固守陈规会限制你的发展

钥匙经常会在要用的时候找不到,而常规的办法总会在解决问题的关键时刻失效。所以,犹太人解决问题时不会固守陈规陋习,他们有自己独到的见解,他们甚至不惜向权威挑战。这就是无畏的、聪明的犹太人的做法。

犹太人不喜欢墨守成规,他们总是有自己的想法,他们甚至能在遵守契约的情况下对其进行变通。在他们看来,商场并不讲究道德不道德,而是讲究合不合法,只要合法,怎样变通都无所谓。所以,一些商人在和犹太商人打交道的时候,总会有脱层皮的感觉。

犹太商人很怪异,他们经常是遵守契约,却又对契约有所变通;他们喜欢冒险,却又比较理智;他们爱惜钱财,却又爱享受花钱的乐趣。懂得变通的人具有创新精神,犹太人就非常善于变通。

犹太人对酒相当厌恶,因为他们觉得酒是魔鬼的使者。但是,还是有很多犹太人做着酒水的生意,在他们看来,因为自己的个人感情而放弃到手的钱,实在是得不偿失。虽然他们不喜欢酒,但是做酒水生意是为了赚钱,二者不能相提并论。创办于

1972年的施格兰酿酒公司，现在已经是世界上最大的酿酒公司，而它的主人就是犹太人。

随着贸易保护主义政策的实施，美国对进口的高级皮毛手套征收重税。一个犹太进口商准备把1万副手套运回美国，可是，如何才能既将手套运回美国，同时又避免被征收重税呢？犹太商人一番思索后，想到了一个绝妙的办法。他先将手套按左手、右手分类，然后将左手的手套运往海关。他对海关的检察人员说，这些手套并不是运出去卖的，而是有特殊的用途。检查人员只好按照普通货物的标准征税。海关人员明白，过一段时间，右手的手套也将被运来，因此打算到时候再对其进行重罚。果然，时隔数日，右手手套也被运到港口，但是，到港的右手手套眼看着就要超过保管期限，仍不见进口商来港口提货，海关人员认为，商人这是为了避免遭受重罚而自愿将其放弃，于是他们就将这些手套进行拍卖。由于缺少竞争对手，一个小商人以低价将其收购，而这个小商人乃是进口商所派，于是，不久之后，右手手套与左手手套团聚了。

犹太商人的精明由此可见一斑。犹太人为了赚钱，可以钻法律的漏洞。他们一直本着花小成本赚大钱的想法在商海中游弋，这一切皆源于赚钱的想法，因为只有钱是这个世界上他们可以一直占有的东西。在失去国家庇护的漫长岁月中，他们只能靠手中的钱为自己换来生命、生存的机会甚至荣耀，这就是他们一心想赚到钱的原因。

犹太商人善于变通，尤其是在和客户订立契约的时候，有时候为了挽留客户，他们甚至可以作出让步。犹太商人在作出让步之前，已经将一切考虑得清清楚楚，他们不会让自己吃亏，作出暂时的让步是为了以后赚取更多的财富。

　　犹太人的经商智慧的确值得世界上所有的商人学习，他们的经商经验几乎是世界上最丰富的，所以他们可以在商场上将所有的战术运用得得心应手。

懂得变通的人才不会走进死胡同

　　世上本没有路，走的人多了，也就成了路。在漫长的人生道路上，人不可能一下子就选对自己要走的路，往往要经过几次实验后，才能找到真正适合自己的道路。如果旧路不通，那就不要再犹豫了，赶紧去开拓另外一条真正适合自己的路。一直在旧路上耗时间，是一件非常不明智的事情。犹太人做事果断，如果他们觉得在旧路上行不通了，就会抓紧时间开辟一条新路。

　　在犹太民族中，有一个古老的传说。在一个城堡里住着一位美若天仙的公主，方圆数百里的未婚男青年，都对公主的容貌非常期待，他们希望某天可以一睹公主的芳容，甚至能够娶公主为妻。有一天，公主的父亲——国王发布了一个公告：所有的未婚男青年都有希望娶公主为妻，但是有一个条件，那就是求婚者要三次进入城堡，而且进去以后不许后退，否则就算放弃了比赛的资格。原来，国王是个地形迷，他在城堡周围设了密密麻麻如蜘蛛网般的道路，而实际上这些路是不通的，很多人都失败了。后来，有一位年轻人背着一袋粮食和铁锹、凿子来了。和其他求婚者不同，他在遇到死路的时候就用铁锹和凿子开辟另一条路。这样一来，总会有一条路是幸运之路。

结局怎样，故事中并没有说明，但是这位年轻人开辟道路的想法确实让人耳目一新。既然要开辟新路，那么就要放弃自己以前的所有想法和思路，这不是一件容易的事，因为放弃以前的想法就等于变相地否定自己。

每个人在人生的道路上，都不会一帆风顺。那些成功商人的成功路上肯定也充满了各种艰辛，有些时候甚至会倾家荡产。但是，他们经受住了一次次的考验，这些经历是他们人生中的宝贵财富。正是因为有了这些经验，他们才知道自己真正适合走什么路。他们会为自己开辟一条新路，而不是在旧路上打转。犹太人开公司，也都是按计划进行的，当期限到了，而目标达不到的时候，他们就会放弃这一项不适合自己的事业。

开辟一条新路需要的是创新的勇气和意识，没有创新就只能永远拾人牙慧，走不出自己的路子。不仅是个人，企业也需要适时为自己找寻新路，如果实在不知道路在何方，就用铁锹和凿子为自己开路。如果旧路走不通，那就干脆将其抛弃；与其死撑，不如放心大胆地开辟新路来试试。

犹太人在经商的过程中，也不是一上来就可以赚大钱的。

你可能看到他们现在富甲一方，但是他们成功之前走过的路你可能一无所知。有些成功人士曾在媒体上披露，自己在从事这个行业之前，什么活都干过。这种大胆创新、大刀阔斧地开辟新路的精神值得每个人学习。

思维一变景色豁然开朗

犹太人中流传着一个小笑话。纳粹主义横行的时候，一天，一队盖世太保来到柏林的郊区，他们抓走了一个犹太家庭中的丈夫，只剩下非犹太血统的妻子。妻子通过各种关系和丈夫取得了联系，并写信告诉狱中的丈夫，由于家里缺人手，今年可能要错过耕种马铃薯的时节。丈夫在狱中想到一个绝妙的办法，于是回信给妻子："不要耕地了，我已经在地里埋了大量的炸弹和炸药。"没过几天，一些盖世太保就开着车来到了他家的地里，他们整整翻了一个星期也没有找到信中说的炸药和炸弹。妻子将这件事写信告诉了丈夫，丈夫回信说："那就种马铃薯吧！"

犹太人的聪明是众所周知的，但是谁也不知道他们到底聪明在何处。从这个小故事中，我们会发现犹太人就是有本事能将一条条死路经过思考后走成活路，这不是一般人可以做到的，但是犹太人做到了。有时候，人们在做一件事情的时候经常会因为方法不当而走入死胡同，这时候，转换一下思路，就能让死路变成活路。有的人不知道如何转变，只是一味地按照原来的思路走,这样就容易让自己的路越走越窄,甚至出现无路可走的情况。转换思路不是一件简单的事,需要广博的知识、持久的毅力以及专心致志的精神。

有一个国王发布了一个奇特的命令——要求每个即将被处死的犯人说一句话,而且必须能马上验明真假。如果是真话,犯人就被绞死;如果是假话,犯人就被砍头。国王觉得自己想出这个主意实在是聪明之极。不久,正好有4名犯人要被处死,于是,当着众位大臣的面,他让每位犯人说一句话。第一个犯人说道:"我爱你,国王。"国王随即说道:"爱我,就不应该犯罪,假话!拉出去砍头!"第二个人见到国王后,说道:"我有罪啊,我该死!"国王说道:"你确实有罪,也确实该死,说的是真话,拉出去绞死!"第三个人看见前两个人都死了,于是说道:"太阳距离我们有70万公里零9米。"国王说道:"这个问题没法证明,视为假话,拉出去砍头!"轮到第四个人了。第四个人是个犹太人,他说道:"我将被砍头!"国王想,如果他说的是实话,那他就该被绞死;如果是假话,就该被砍头,可是这样他就说对了,应该被绞死……国王的脑子被绕晕了,他不知道到底该判犹太人绞刑还是砍头,于是国王下令,犹太人被无罪赦免。不久,国王的这项自认为很聪明的法令就终止了。

犹太人就是这样经常将死路走成活路的。他们在面对事情的时候机智勇敢、沉着冷静,这就是他们能够从容无畏地面对一切困难的原因。也许不是所有的人都像犹太人一样机智,犹太人在商场上身经百战，他们经受了无数磨难，练就了一身功夫，所以他们才能在关键的时候不让自己走入山穷水尽的将死之路，而是慢慢地将死路走成活路。

有很多人在做事情的时候，坚信自己的主意是正确的，执着地一路走下去，这种坚持不懈的精神本是值得赞许的，但是，如果在事情毫无好转迹象的情况下一味地执着，那就是固执了，这样坚持下去，路只会越来越难走。所以，这个时候就需要换一种思路，看看有没有其他路可以实现目标。及时转换思路，人就不会错失很多到手的机会，就不会一味地悔恨。犹太民族就是这样一个民族，他们对事情拿得起，放得下。有很多人对自己付出的东西耿耿于怀，总是期望自己的付出能带来期待的结果，殊不知这样只会失去更多的东西。

聪明的商人能在每个小细节中发现不利于自己的因素，及时地发现会使路走死的微小迹象。只有具有这种缜密的心理，在第一时间发现有走向死路的隐患，及时转换思路，将死路走成活路，才不会得到一个满盘皆输的结果。

及时调整方向，永远不会撞上南墙

成功的机会无处不在，只是有些人不善于发现而已。有些人做事不懂得变通，只是一味地按照原来的思路走，直到撞了南墙才知道回头，有些人甚至在撞了南墙后依然不知道将思路转个弯。成功的机会是不会青睐于这种人的,只有能及时将思路转个弯的人才会有更多的机会成功。这不仅适用于工作上,同样适用于生活,有些事情用平常的方法可能很难解决,但是只要将思路转个弯,前方的路就会豁然开朗,生机勃勃。

有一天,两个妇女来见所罗门王。其中一个先说道:"陛下啊,这女人跟我住同一间屋子,在我生孩子的时候,她就在那里住。我生完孩子刚两天,她也生下一个孩子。屋子里只有我们两个人和刚生下的孩子。有一天晚上,她睡觉的时候,不小心将自己的孩子压死了,于是就趁我熟睡的时候将我的孩子偷走了,然后把她死了的孩子放在我的床上。第二天我要给孩子喂奶的时候才发现孩子死了,可是这个孩子不是我的,她抱的孩子才是我的孩子。"另一个妇女也说道:"死了的孩子才是她的,活着的孩子是我的。"两个人就这样你一言我一语地争辩个没完没了。所罗门王让她们安静下来,他要仔细地想一个合适的解决办法。他想,按照以往问讯的办法肯定不能解决问题,因为没有证人,两人各执一词,很难判断谁在说谎。他眉头一皱,计上心来。于是他大声说道:"既然你们都说活着的孩子是自己的,那就用刀将这个孩子一分为二,你们一人一半,这样就不用争了。"第一个女人听了之后非常伤心,说道:"求求你,不要将孩子一分为二,我不和她争了,把孩子交给她好了。"第二个女人却说:"不要把孩子给我,也不要给她,把他一分为二好了。"所罗门王这时下令,将孩子交给第一个女人，因为她才是孩子真正的母亲。

在这件事情的处理过程中，所罗门王没有按照以往的办法来审理这件事，而是将思路转了个弯。他利用母爱的伟大，试探出了母亲对孩子深深的爱。天下所有的母亲都不希望自己的孩子受到伤害，她们会想尽办法保证自己孩子的生命安全，哪怕是将孩子送给别人。只要有利于孩子的成长，母亲不惜作出任何牺牲。有些时候，人要转换一下思路，将原来的思路打破，从另一个角度看问题，这样一来，就会发现另外一种省时省力的解决办法。

如果经常将思路转个弯，你就不会总是将自己囿于一种思路中。善于转换思路的人眼界开阔，他们能够将自己的思路凌驾于问题之上，具有创新的思维，能在问题解决的过程中找出最省时省力的解决办法。只有这种具有创新意识的人才能不断转换自己的思路，将问题在最短的时间内解决。

很多人之所以不能让思路转弯，是因为他们经常被习惯的思维绊住手脚，不敢打破常规，不敢反对权威，无法摆脱以往的知识经验，不会换一种方法来看待问题，只是一味地将自己禁锢于原有的思维中，这样只会让自己的路越走越窄。让思路转个弯，你就会有柳暗花明的感慨，你就能发现前方的路更加光明。只有不断充盈自己的知识，多经受一些磨炼，在原有经验的基础上学会不断变通，打开思路，才能使以后的人生道路越来越宽。

犹太人在商场上有丰富的经验，他们能根据实际的情况作出最佳的选择，不会被固有的思维绊住。犹太人经商的目的就是赚钱，只要有利润，他们不会顾及用什么办法。犹太人经常打破常规，山路不行走水路，水路不行就走一条创新之路。只有敢于打破常规的人，才能不断地让思路转弯，没准儿转角就会遇到你期待已久的结果。

盲目的前进不可取，看清形势再选择

《成功学》说："没有做不到的事，只有不会变通的人。"世界上没有什么事情是人尽了全力依然得不到解决的，只要会变通，人就不会被事情所左右。为什么犹太人这么会赚钱，为什么他们就能掌控世界的经济大权？就是因为他们会变通，他们能在变中不断前进，在变中引领世界经济潮流。

社会上不乏一味蛮干的人，但是很少有通过蛮干出名的人，一味地苦干蛮干，其实是一种变相的固执，盲目的执着，这是不理智的。只有善于变通的人，才能在当今不断变化的经济大潮中保持理智的分析和明智的判断。

犹太人在金融行业一直是业界的翘楚，这与他们多年经商、有着丰富的经商经验密切相关。犹太商人懂得，身处当今社会，只有不断变通，才能在世界上站稳脚跟。一味盲目地蛮干并不能创造多少财富，现代社会需要的不是一味地蛮干、仅会跟在时代后面走的人，而是能够变通的人，这种人会一直走在时代的前列，他们能够把握时代的脉搏,能够根据一点细微的变化嗅出未来变化的方向。当今世界叱咤风云的成功人士,无不精通变通之术,他们能在变化之前就已作好所有的准备来迎接即将到来的世界之变。

犹太人一般是不会循规蹈矩的,他们对任何事物都有自己的见解和看法,他们为了追求最大的利益,可以在遵守契约制度的前提下作一些小变通。有人会认为这些小变通是投机倒把,其实犹太人根本就不会在乎这些,因为,在他们眼中,钱是最重要的,只要赚钱的方式没有逾越法律的范围,其他的根本就不重要,商场上是不会讲究道德不道德的,只有赚到钱才是真正的硬道理。

成功与失败的距离有时候就是一个变通的事,会变通的人就能成功,不会变通的人就只能失败。一味地墨守成规、因循守旧,只知道低头蛮干,完全不顾市场变化的人最终的下场只有一个:被市场淘汰。犹太民族的经商智慧传承了几千年,他们一直将这种智慧传承下来,在实践的基础上将其进行升华。犹太人有世界第一商人的美誉,这与他们的变通不无关系。

第09章

重视教育,用鼓励和赏识培养出色的孩子

多给孩子一些认可,被赏识的孩子有出息

孩子小时候受到的教育会影响其一生。犹太父母在孩子很小的时候就非常注意培养孩子的自信心,他们培养孩子自信心的方法就是发现孩子身上的闪光点。

父母对孩子是最了解的,孩子的优点和缺点父母都了如指掌。犹太父母会尽量发现孩子身上的闪光点,不断地激励孩子,让他们变得更自信。他们会主动发掘孩子身上的闪光点,并细心地记下来,然后将记下这些闪光点的纸贴在家人能看见的位置。孩子会惊讶地发现原来自己的身上有这么多闪光点,他们无形之中就会变得更加自信,同时也会在今后不断地表现出更多的优点。

犹太父母在孩子遇到困难或挑战的时候,会帮助孩子回忆以前的光荣史,这样孩子就不会畏惧不前了。犹太父母经常会很大声地说出孩子身上的优点,这样孩子就会知道父母是以他们为荣的。

犹太人小汤姆才4岁,他非常喜欢画画,父母也非常支持他画画,经常会和他一起观察身边的事物。学校放假的时候,布置的作业是完成一幅画,要孩子仔细观察生活中自己喜欢的

事物，然后将其画下来。汤姆的母亲就和他一起观察他喜欢的动物——小狗。母亲让汤姆自己说出小狗有什么特点。"小狗的毛很长。""小狗的眼睛非常圆。""小狗的舌头很长，它经常会将舌头伸出来。""小狗的脚上有小肉垫，它走起来是没有声音的。""小狗睡觉的时候喜欢躺着睡。"母亲听到这些话，感到非常惊讶，因为孩子竟然会发现这么多特点。她发现，汤姆为了观察小狗的特点，竟然和小狗一起睡觉。这时候，母亲就将汤姆"细心有爱心"的话语写到了他的成长记录中，并且将这一优点大声地告诉汤姆，汤姆听了以后非常高兴。在以后的生活中，他变得更加细心，同时更加喜欢和小动物在一起。上学以后，汤姆对小动物的喜爱已经到了如痴如醉的地步，他甚至在心中下定决心，以后专门研究动物的心理学和行为学。小汤姆的选择和母亲的鼓励有很大的关系。正是因为母亲的鼓励和表扬，他才变得更加喜爱动物，更加热衷于研究动物。

犹太父母鼓励孩子做自己喜欢的事情，对孩子的要求也不高，孩子取得一点儿小进步，他们就会将其看在眼里，并且鼓励孩子继续将这一优点发扬下去，孩子也乐意听取父母的建议。这样的家庭关系才是和睦的，在这样的环境下成长起来的孩子身心才会健康。

父母是孩子的启蒙老师，会影响孩子的一生。为人父母者应该学习犹太父母的做法，用积极的语言评价孩子的一切行为。一个充满爱意的眼神，一句表扬的话语，一个鼓励的动作，都很有可能促成孩子以后的成功。

孩子也有尊严，需要你平等对待

懂得尊重，是要从小学起的，只有尊重别人的人，才能得到别人的尊重。犹太父母在孩子很小的时候就注意培养孩子尊重别人的习惯，让他们知道，只有尊重别人的人，才会赢得别人的尊重，才能因此迎来成功的机会。

安迪是一个只有3岁的小孩子，由于家里就他一个孩子，所以他的父母都非常疼爱他。安迪觉得父母对他言听计从是应该的，因为父母就他一个孩子，所以就应该非常乐意为他服务。父亲发现孩子有这样的心理后，非常担忧，他觉得孩子一切都还好，就是不会尊重别人，现在就这样对待父母，那以后的情况真的很是令人担忧，于是他就想用种方法将这个问题解决。有一次，安迪要喝牛奶，他对着正在做家务的母亲喊道："给我拿瓶牛奶。"母亲刚想去拿，安迪的父亲将她拦住了，他向她使了个眼色，他觉得这就是解决问题的突破口。母亲于是又重新去做她正在做的家务。安迪见母亲迟迟不来，就冲着父亲的方向喊道："我要喝牛奶。"父亲也不吱声。安迪感觉很不解，就过来问父亲："为什么你们都不给我拿牛奶？""孩子，你已经快上幼儿园了，这说明你已经是个大人了。既然是大人，那就应该用大人的办法解决大人的问题。你让我们帮你拿牛奶，那为什么不知道称呼我们呢，这样我们怎么会知道你是在请谁帮忙？请人帮忙是一件麻烦别人的事情，尤其是别人在做着其他事情的时候，更是如此。所以你请人帮忙就不应该这样理直气壮，你应该知道，如果你的态度不诚恳，别人是不会帮你的。"安迪若有所思地想了想，然后觉得父亲说的有道理。"那我应该怎么说，才是正确的呢？"安迪问道。"应该像这样，妈妈，帮我拿瓶牛奶可以吗？"父亲说道。安迪于是就对父亲说道："爸爸，帮我拿瓶牛奶可以吗？"父亲很高兴地帮助了他。安迪在父亲的教育下，终于学会了什么才是真正的尊重人。

孩子是需要从小培养的，孩子的年龄小，他们接受的教育很容易影响他们。现代社会独生子女越来越多，如果父母不注意培养孩子的道德品行，那么孩子在长大以后依然不会尊重别人，而且，随着年龄的增长，他们就会形成习惯，很难再改。这个时候，所有的一切已经定型了，就算是想有所改变也是不可能的了。

犹太人的父母就非常重视孩子在这方面的教育，这毕竟是影响孩子一生的美德。只有尊重别人的人，才会在某些方面变得更有机会：在伙伴朋友的相处中，会变得更有人缘；在学习上，更容易得到同学和老师的帮助；在工作中，更容易得到老板的器重；在事业上，更容易得到同事的帮助和支持，这样的

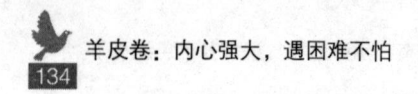

人才会更容易在事业上取得成功。

身为父母的人，都应该注意培养孩子在这方面的素质，不要以为孩子还小，这些教育不适合孩子的成长，大量的事实证明，这一想法是错误的。如果在孩子很小的时候就忽视了这方面的教育，那么以后弥补的代价就会变得更大。一个不会尊重别人的人永远不会得到别人的尊重。尊重别人表现在生活中就是，对别人一定要有适当的称谓，这是尊重别人的最起码的常识。请别人帮忙的时候，不要用"理所应当"的语气，要知道是你在麻烦别人，而不是别人麻烦你，所以语气一定要好，不然别人是不会帮助你的。对待别人的时候一定要客气、和气。如果别人有求于你，你就应该想想自己是否能做到，如果可以做到，那就尽全力地帮助别人；如果的确超出了自己的能力范围，那就应该坦言相告，如实地说出自己的难处，这样别人也不会怪罪你的。

犹太父母的这种教育方式值得每个父母学习，只有从小就关注孩子在道德方面的教育，孩子长大以后才会成为一个对社会有用的人，只有这样，孩子才能不断地走向成功。

别束缚孩子，让他们自由去成长

孩子终究是会离开父母走向社会的，不可能在父母双翼的保护下生活一生。犹太父母经常说的一句话就是鼓励孩子走出家门，让孩子自己去接触社会。社交能力是在和别人的交往中实现的，没有交往，交往的能力又从何锻炼呢？

现在很多的父母都为孩子操劳过度，怕孩子这也做不好，那也做不好，事事都为他们代劳，这样就会让孩子失去锻炼的机会。有些父母只让孩子在家里玩耍，因为怕孩子出去的时候有这危险那危险的。然而，父母把孩子禁锢在家，这样的孩子在以后的生活中往往会变得很不合群，和小伙伴在一起玩耍的时候，也不愿意和别人交往。犹太人认为，人总是要与人打交道的，如果小时候不锻炼好社交的能力，在以后的生活中就会经常碰壁。为了锻炼孩子的社交能力，他们经常鼓励孩子走出家门，自己去与人交往。

犹太父母经常对孩子讲这个小故事：鹰妈妈在锻炼小鹰的飞行能力时，经常是将小鹰带到一个很陡的悬崖峭壁上，然后将它们一个个地推落悬崖，会飞的小鹰就成活了下来，不会飞的小鹰，就这样跌落悬崖。鹰妈妈为了让小鹰能够在以后飞得更高、更远，只好选用了这样一种残酷的方式。

孩子也是一样，如果父母在孩子很小的时候不太在意孩子的社交能力，那孩子就很少练习他的说话能力，在与人的相处中，容易显得不合群，甚至是让人很难接受。这样的孩子在进入学校以后，就会很难适应学校的生活，不容易结识意气相投的朋友，在与同龄人玩耍的时候，经常会变得很急躁，要么就会因为胆怯畏缩不前，要么就会因为大家言辞的不对付而与他人发生激烈的争吵，甚至是打架，以至于最后被人孤立。

所以，在孩子还小的时候，父母就应该不断培养孩子的社交能力，鼓励孩子走出家门，这样孩子就会主动和同龄人进行交往。在孩子遇到问题的时候，先让其自行解决，如果孩子实在解决不了，父母再对其提供帮助。这样一来，孩子就会形成主动解决问题的习惯。在解决问题的过程中，他会向自己的小伙伴请求帮助，这样一来，大家就会齐心协力，一起将遇到的问题解决掉。

所以，为了让孩子形成这一美德，父母需要在家中不断地向孩子灌输这方面的知识。在孩子很小的时候，孩子的问题，如果孩子能自行解决掉，就让他自己解决，家里的大事，孩子想知道的话，可以允许其发表自己的意见，不要因为孩子小就将其推开。这个时候是锻炼孩子良好表达能力的时候，不应该将其忽略。在给孩子讲故事的时候，应该顺便讲一些如何与人分享、团结就是力量、如何增强自己的社交能力等方面的内容，让他们从小就明白，人活一世，重要的就是与人交往。

犹太父母经常为孩子打通和别人交往的门：让孩子去找自己的小伙伴玩，邀请自己的小伙伴到家里来做客；外出做客时，经常带着孩子，让孩子仔细留心大人之间的礼节；家中有客人时，将孩子主动介绍给大家，并让孩子招待客人；家里需要什么东西的时候，可以让孩子代劳，如需要买个什么东西，或者是给某人带句话等之类的事情，都可以让孩子代劳，这样在无形之中就增强了孩子的社交能力。

随着不断地成长，孩子与人交往的能力肯定是会提高的。父母应该细心地留意孩子的进步表现，并且将这些表现告诉孩子，让他也知道自己的进步有多大。课堂上一次勇敢地发言，热情地邀请同学来家里做客，积极主动地帮助别人……这些成绩虽然微不足道，但是，对于孩子而言，这就是一笔无形的财富，随时鼓励着孩子继续前进。

也许每个做父母的人都应该学习一下犹太父母这样的教育方式，不要总是将孩子握在手里含在嘴里地护着，而是应该让他们接受历练，只有这样孩子才能身心健康地成长。

为孩子培养好兴趣，家长变得很轻松

人们经常说："兴趣是成功的第一任老师。"所有的成功都是从最初的兴趣开始的，兴趣是一切行为最初的出发点和原动力，是一切成功的最初条件。

犹太人非常重视幼儿的兴趣教育，正因为如此，犹太民族，才会经常涌现出伟大的天才。爱因斯坦、玻尔、斯皮尔伯格的父母很早就认识到好奇心对孩子成才的巨大作用，所以他们才能培养出影响世界的天才。

一切兴趣皆是由好奇心使然。如果父母在孩子很小的时候就注意激发孩子的好奇心，并鼓励他们不断地继续研究下去，就能

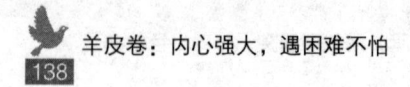

使孩子走向成功。

小孩子对一切都感到非常好奇，他们认为一切都是非常有吸引力的，这时候，他们会想尽办法进行研究，但是自己的智力又达不到，所以他们的好奇心会让他们不断学习。随着年龄的增长，孩子的智力也不断增长，这时，孩子的好奇心就会逐渐地减弱甚至消失，以至于对一切都习以为常。明智的父母会鼓励孩子对自己感兴趣的东西进行研究，随着时光的流逝，孩子的兴趣就会不断地增长。

卡尔·维特是一个天才，他八九岁的时候就能自如运用德语、意大利语、拉丁语、英语和希腊语，通晓动物学、植物学、化学，并尤其擅长数学。小卡尔·维特之所以这样全能，并不是因为他是一个只知道学习的"书呆子"，而是因为他在学习中感到了快乐。小卡尔·维特也像普通的孩子一样，也有自己的喜好和小性子，比如，他在刚开始学习数学的时候，非常讨厌背诵乘法口诀，但是，后来他非常擅长数学，这之间的转变正是源于他的父亲兼老师老卡尔·维特的教育法。老卡尔·维特非常注意培养孩子的兴趣，为了使小维特对数学感兴趣，他从一位学者那里得到经验，通过掷骰子、数豆子、商店买卖等游戏勾起孩子的学习兴趣。老卡尔·维特经常富有创造性地把静态的知识融入生活中，使知识立体，逐渐培养起小卡尔·维特对学习的兴趣。

要想让孩子长大以后有所作为，就应该注意培养孩子的兴趣，兴趣是一切行动的原动力和起始点。孩子首先会对某些事情感到好奇，然后才会产生兴趣。每个人都有好奇心，孩子的知识有限，他们对很多事情都不了解，因为好奇，所以才希望探索；一旦失去了好奇心，就会失去探索的动力，甚至会止步不前。

孩子经常会向家长提出各种各样的问题。这时，家长应该努力激发孩子的兴趣，不要急于将自己知道的知识告诉孩子，应该让孩子自己找出答案。如果孩子随着知识的增加而失去了当初的好奇心和兴趣，父母就应该不断想办法让孩子不要仅仅满足于已经学会的知识，要向更深的知识领域进军。

犹太父母在孩子刚开始学习的时候就不断向孩子灌输"学习是一件甜蜜而快乐的事情"这种理念，这样孩子从小就会对学习产生一种兴趣。孩子如果在学习上不断取得成功，就会产生更浓厚的兴趣，就会无意识地激励自己不断地学习。

要想使孩子在某一领域有所建树，重要的是不断地培养孩子的兴趣。兴趣是成功的第一任老师，也是成功的起点。

会做家务的孩子未来错不了

犹太父母往往会让孩子从小就做一些家务活，他们认为通过让孩子做家务可以对孩子进行一些教育，这样的教育会影响孩子的一生。孩子在做家务的过程中，不仅可以掌握一些简单的生活技能，养成良好的生活习惯，还会产生责任心和义务感。

让孩子做家务，重要的不是干了多少活，而是参与的过程。家长应该根据孩子的身体情况和心理分配家务。比如，在孩子三四岁的时候，吩咐他们做一些简单的事情，帮爸爸取报纸、给妈妈递拖鞋、将废纸扔进废纸篓里等。此外，让孩子在模仿大人行为的同时仔细观察大人的劳动成果，这一点也很重要，比如，妈妈擦干净的地板，爸爸修剪好的花草等，这些都会激起孩子做家务的欲望。孩子四五岁的时候，就可以分给他们一些简单的家务了，如打扫房间的时候让孩子擦桌椅板凳，吃饭前让孩子摆上碗筷等。这时一定要注意安全，在劳动强度还有劳动时间上不要过量。这样孩子就不会厌烦劳动，甚至会喜欢做家务。

犹太父母经常会在做家务的过程中教给孩子一些技巧，比如，在洗衣服的时候，他们会告诉孩子，应该将袖子挽起来，这样就不会将衣服弄湿了。现在的孩子学业压力很大，有些家长总是觉得自己做比孩子做快得多，为了让孩子有更多的时间学习，他们甚至将一切家务全部揽了下来，这样做会让孩子从心里觉得自己做家务根本就是多余的，有父母做，根本就用不着自己。久而久之，他们就会厌烦做家务，甚至觉得做家务根本就不是自己的事情。让孩子适当地做一些家务，既可以让他们在紧张的学习之余休息一下，又能让孩子知道自己是家庭中的一员，做家务也是自己的义务。这样，在以后的生活和工作中，孩子就会变得更加有责任感，更加勤奋。

丽莎生活在一个小型农场中，这个农场是家族制企业，丽莎和丈夫有四个孩子，一家人每周都会举行家庭会议，决定农场工作的具体分配事宜，包括饲养动物、监督挤奶以及记账等工作。农场赚到钱后，家人就会对利润进行分配，连最小的孩子也能得到自己的一份利润。孩子可以自由支配自己赚到的钱，满足自己的日常开销。比如，小一点儿的孩子可以为自己买棒棒糖、头饰等；大一点儿的孩子可以为自己买衣服、交电话费等。父母负担所有的生活必需品和家庭的必要开销，例如，带孩子看病、购买一日三餐的食品等。孩子们分得的利润随着农场的利润情况变化，如果农场的利润减少，孩子们分得的利润也会相应减少。在这样的教育方式下，每个孩子都有很强的责任感，他们明白，如果工作做得不好使农场的利润减少，自己分得的利润也会减少。

有些父母不让孩子做家务是因为他们担心孩子做不好，但是做父母的应该知道，人不是生而知之，而是学而知之。所以不要太过注意孩子做家务的结果。

在平常的家务中，不要将孩子与家务隔开。事实证明，在家务活中适当地教育孩子，也会收到很好的效果。

第10章

求识不辍,不断充实自己才能保持竞争力

自我提升，知识让你拥有智慧

犹太人认为知识是一切财富的根本，犹太父母在孩子很小的时候就经常告诫他们，只有知识是一个人最重要的财产，金钱、钻石等物质上的财富不能跟随人的一生，只有知识是一个人真正的、永久的财富。他们认为人最应该投资的是自己的大脑。

大多数的犹太人看起来都像学者，他们学识渊博、风度翩翩、气质儒雅，他们身上普遍有一种书卷气，这不是因为他们都有很高的学历，也不是因为他们在学校被熏陶多年，而是源自犹太民族长时间积淀下来的学习传统。科学家对全世界人口的读书情况进行调查，结果发现，犹太民族是世界上每年读书量最多的民族，以色列每年在教育上的投资是国民经济中一项比较大的支出。犹太民族对知识的重视，由此可见一斑。犹太人很早就将知识的价值上升至资产的高度，他们对知识十分敬重。他们在很久以前就很重视对大脑的开发，而开发的最好途径就是多读书、多学知识。犹太人从小就将学习知识、钻研学问当作毕生的任务。

与犹太人打过交道的人会发现，犹太人的知识面很广，他们不仅钻研自己的专业知识，还会广泛涉猎其他行业的知识，所以他们在与人交谈的时候能够侃侃而谈，而不会给人生搬硬套的感觉。犹太人对于学习外语似乎有一种天生的能力，几乎每个人都会说两门以上的外语，他们在与外国人谈生意的时候，根本不需要翻译，这让他们占得了先机，使他们与外国人谈判时不会吃亏。犹太人将学习英语当作一项必须要完成的任务。英语是世界通用语，他们认为英语是世界商人的通行证。

犹太人认为最精明的投资是风险最小且回报率最高的项目，而投资自己的大脑是最物有所值的一项投资。人与人之间的巨大差距，关键是观念上的差距，由于人们的意识不同，人们之间的差距会越来越大。犹太人在长期的经商实践中，早就知晓了这个秘密，所以他们能够不断地更新自己的观念。很多人的观念一直停留在原有的认知上，不会换一种角度看待问题，所以他们始终在平凡人的世界里徘徊。

学习知识是投资，投资大脑就是投资未来，今天的投资必然会收获应有的回报。成功不是遥不可及的梦想，只要进行正确的投资，总有一天，成功也会属于你。为什么在今天的社会上会涌现出那么多的成功人士？成功之人与普通人的区别就是成功的人知道做事靠的是智慧。成功的人有一般人没有的学习观念，他们知道学习的重要性。有智慧的人可以创造出巨大的财富，钱会不断地往他们的口袋里钻。没有智慧的人只会让自己的头脑一直处于休息状态，这样的人不会开发自己的大脑，成功的大门也不会向他们敞开。

犹太人一直将《塔木德》作为自己学习的圣经，即使是家财万贯的人，也会在自己的办公室放一本《塔木德》。在普通家庭，每个星期五的晚上，一家人会团聚在一起，共同学习《塔木德》里面的智慧。不管遇到的是经商上的困难，还是在生活中无法解决的问题，他们都会将《塔木德》作为自己解决问题的源头，这种现象在其他民族很少见。犹太人这种认真学习的精神，真是让将读书当作自己飞黄腾达的敲门砖的人汗颜。犹太人认为学习是一辈子的事，而不是一个阶段的事，任何时候都应该学习。正所谓"活到老，学到老"。

犹太人重视投资自己的大脑，所以他们才能不断地取得成功，无论是在商业上，还是科学、政治领域，要想成为21世纪的人才，最重要的还是用知识来武装自己的大脑。21世纪的世界是一个终身学习的社会，对财富的拥有依托于对赚钱智慧的占有，要想不被社会淘汰，要想在事业上有所成就，就必须不断地学习，不断地开发自己的大脑。人与人的先天差距很小，为什么有些人的人生丰富多彩，有些人的人生黯然无光？关键还是要靠自己去把握啊！

活到老学到老，知识永远不会腐坏

犹太人是非常重视学习的，他们的观点是：生命有终止，学习无止境。他们认为，虽然智慧可以从实践中获得，但是最简便有效的学习途径是从书本中获得知识。学习知识就是向先辈、智者、成功人士、道德高尚的人学习，学习他们的经验和成功的人生经历。社会在不断地发展，学习也应该没有止境。

在犹太人看来，学习是一种神圣的使命，不管一个人有多大年纪，也不管他有多么贫穷，在生命结束之前，他都应该始终不停地学习，就算是非常有智慧的拉比也不例外。所有的犹太人都秉承着这样的观点——肯学习知识的人比知识丰富的人更伟大。犹太人甚至认为通过学习可以一直保持年轻人的心态，这样人永远不会老；还可以通过学习获得"财富"，以弥补精神上的不足。

如果一个犹太人对他的朋友说："我太穷了，终日为果腹忙来忙去，根本就没有时间学习。"那么他的朋友就会反问他一句："难道你比希来尔还穷吗？"

希来尔长老是一个穷人，他每天都辛苦工作，却只能挣到微薄的收入，他将自己收入的一半送给学院的门卫，以便能到学院旁听一些课，另外的一半就用来维持生活。某年安息日的前夜，他没有挣到一分钱，门卫就不让他进入学院。在学习欲望的驱使下，他爬到教室的屋顶上，把头紧紧地贴在教室的房顶上,透过玻璃听智者讲课。大雪飞扬,不一会儿就将他盖住了,但是,由于听得入迷,他根本就没有注意到这些。一整个晚上,他都没有移动位置。第二天清晨,讲课的智者施玛对另一位智者说:"兄弟,这间屋子每天都很亮,但是今天有些暗,外面是不是阴天了?"他们向窗户上面看,这时才发现已经被大雪覆盖、几乎冻死的希来尔。这两位智者说:"这个人亵渎安息日的行为是值得的,上帝保佑他。"

后来,犹太人一直拿希来尔的故事激励自己,当有人以贫穷、没有时间学习为借口的时候,人们就会用希来尔的故事来反驳他。

犹太人一直认为学习是人一生中最重要的事情,学习知识是不分国界和边界的。在以色列建国以前,犹太人一直处于流浪的状态,他们流散在世界各地。为了生存,他们会学习一些其他民族的文化。犹太人是历史上获得诺贝尔奖最多的,这不仅与他们注重教育的传统有关,更源于这个民族特有的开放式的社会文化生态。犹太民族的不幸历史使他们有机会和世界上的其他民族广泛接触,使他们有机会吸收其他民族文化的养料。这样做的结果就是开拓了他们的视野,扩展了他们的知识层面。这种复合型的文化形态对于科学人才的破茧而出十分有利。美国的原子弹之父奥本海默,现代著名的心理学家马斯洛,著名的逻辑学家维特根斯坦,都是在复合环境下成长并作出贡献的犹太人。

这不仅对科学家而言是得天独厚的条件,即使是普通人,也会在这种流浪生涯中为自己的人生经历狠狠地描上一笔。这真应了我们的那句古话："塞翁失马，焉知非福？"犹太人在长期的流浪生涯中，被迫从一个地方赶到另一个地方，在不断的迁徙中，他们有机会和不同民族的人接触。在这个过程中，他们不仅顽强地保持着自己的文化，而且熟练地掌握了所在国的语言，他们的语言天分或许就是这个时候锻炼出来的。他们将这一传统不断地传给下一代，优秀的文化就这样传承下来了。

犹太民族在世界上一直是谜一样的民族，他们在金融界的地位是任何人都无法撼动的；他们在科学界的分量，也不是其他民族能够比得上的。为什么以色列这片贫瘠的土地能孕育出那么多有影响力的人物？首先就是因为犹太人具有活到老、学到老的精神；其次，他们认为知识是没有贵贱的，只要是有利于自己的知识，他们都会下大力气学习。

我们每个人都应该有犹太人这种乐于学习的精神。人的生命是有限的，学习是没有止境的。知识是可以分民族和国家的，但是学习是没有边界限定的。

善用知识，尽读书不如无书

犹太人经常把书呆子或者读了很多书却没有智慧的人称为背着书本的驴子。他们认为，学习只是一种模仿，没有任何的创新。要想学到真正属于自己的知识，就应该不断地思考。学习的时候应该经常地怀疑，随时发问，怀疑是打开智慧大门的钥匙，知道得越多，提出的疑问就越多，进步就越大。

犹太父母经常在孩子很小的时候就启发他们要学会不断地质疑。有质疑就说明进行了思考，一味地读书却不懂得思考的人，就像只会背着书乱走的驴子一样，没有任何的智慧。这样的人即使看了再多的书，又有什么用？犹太人生活的目的是赚取金钱，这是世人共知的一件事情，他们认为只有能用来赚钱的智慧才是真正的智慧。

犹太人注重对知识的学习，他们更加重视才能的培养。只会模仿他人却没有创新精神的人，不会取得任何成就。学习书本知识是为了在他人的基础上做出更有创新的成就，他们认为智慧的公式是：智慧=知识+知识的运用。没有智慧的人只会在他人的智慧里迷失，没有思考的人不会分辨知识的价值。他们只会人云亦云，没有一点儿主见，这样的学习不会有任何的效果。只有能运用到生活中的知识，才是属于自己的知识。

以色列有一所著名的鲸鱼学校，这所学校让孩子们乘上帆船在一年之内游两次大西洋，游遍三个岛。在此过程中，孩子们不仅要经受暴风雨的洗礼，同时还要经受挨饿的痛苦。这所学校的学生要学会驾船、捕捞、做饭，另外还要完成考察、读书、讨论等课程，同时他们还要和当地的居民打交道，学习风土人情。经过这样的一番磨炼，学生们大都被锻炼成智勇双全的人。

犹太的教师在教导孩子们学习的时候，也非常注意培养孩子们思考的习惯，他们在课堂上经常鼓励孩子们提出自己的疑问，还经常露出一些破绽，以便让孩子们纠正。孩子们回到家中，父母问的第一个问题就是："今天你提问了吗？"就是这样的生活和学习习惯，使犹太人从小就养成不断思考、不断提问的好习惯，这种习惯会伴随他们一生，并且代代传承下去。

总体来说，犹太人追求的是活的智慧，不是被拿来装样子做学问的假知识，他们对各种知识都有兴趣，这些知识也能为他们的生活增加一些谈资。在和其他人交流的时候，他们满腹的学问就派上了用场，他们不仅熟悉专业知识，对于一些比较生僻的知识也能畅所欲言，他们就这样将自己的知识自然而然地流露出来。犹太父母经常会在孩子很小的时候就让他们背诵一些经典的知识，锻炼他们的记忆能力。但是犹太人不主张死记硬背，而是用一种特殊的方法进行背诵，除了抑扬顿挫地朗读外，还要按一定的节律左右摇摆。他们一边用手按着书，一边动用所有能够想到的身体器官，按照内容的意思，将自己完全投入进去。他们认为这样的记忆方法要比单纯地死记硬背好得多。这样的记忆方法比默读式的记忆方法效果强几倍。这样的经历为犹太人以后读书打下了坚实的基础，很多人读书几乎是过目不忘。犹太人的知识如此渊博不仅是因为他们涉猎广泛，更重要的是因为他们善于记忆，同时还能正确运用这些知识，而一个只会死背书的书呆子是不会这样运用知识的。

用知识填充大脑，用经历提升能力

犹太民族是一个非常重视能力培养的民族。《塔木德》告诫犹太人，让孩子学习知识以前，应该让他们获得一些做事的基本能力。他们认为，一个连做饭都不会的人，是没有资格做学问的。撒曼以色三世曾经说："没有比既能做事又能做学问更好的了。没有劳动的学问结不出果实，相反，甚至可能导致罪恶。"在犹太人看来，仅仅有知识的人，会对自己过分自信，经常会形成自大的性格，这样的人，最终的结果往往是令人惋惜的。只有既有知识、同时能力又出众的人，才能在社会上出人头地，终有一番作为。

莱姆是一个非常富有的犹太商人。他16岁去英国留学的时候，他的父亲只给了他100英镑作为学费。临行前，父亲告诉他，留学回来的时候，这100英镑还要归还。就这样，他只带着这100英镑来到了英国。很快，莱姆就用自己的好点子赚到了学费，并且最终以非常优异的成绩从伦敦经济学院毕业。毋庸置疑，他父亲的那100英镑当然也能顺利归还了。

莱姆的例子在犹太人的眼中是理所当然的。犹太人非常重视培养孩子的能力，他们在孩子很小的时候就向他们灌输一些赚钱的道理；在孩子还比较小的时候，就让他们做家务以赚取自己的零花钱；在孩子稍大点的时候，就让他们出去自己想办法赚取零花钱，这就是犹太人的教育思维。学习知识是为了赚取更多的钱。知识渊博却没有实践的能力，这样的人在犹太人的世界里是吃不开的。犹太人认为能力和知识其实是两码事，在他们看来，那些把知识看得比实践更重要的人，就好比是一棵枝繁叶茂却根基很浅的大树，遇到大风大浪的时候就很容易倒下。相反，那些将能力看得比知识更重要的人，根基就会扎得很深，就算遇到再大的风，他们也不会惧怕。

只有学问而没有能力的人在社会上是不能生存的，他们只会一味地活在理论的圈子中，看不见世界的变化，看不到自己的劣势。他们在没有实用价值的学问世界中，丧失了生存与发展的能力。有些人书读得越多、学问越大，反倒越不能在社会上生存，就是这个原因。

犹太人教育孩子的时候，不仅看中孩子的学习成绩，更注重孩子的能力培养。他们鼓励孩子自己创业，认为这是孩子必须要学习的一种生活本领。有些犹太人会在上大学期间找到自己一生想要从事的事业，这时他们会主动地放弃学业，他们的父母对此一般是不会干预的。而且，当父母认为孩子有能力赚取学费、生活费等费用时候，就不再给孩子任何钱了。

犹太人这种注重能力的教育观真的很值得其他民族的人学习。

别人永远窃取不走的财富只有知识

犹太民族曾经四处漂泊，他们为了继续生存下去，大量积聚财富，从而掌握了世界经济的命脉。即使如此，他们依然觉得生活没有安全感。早上的时候还腰缠万贯，到了晚上就一贫如洗，这样的事情对犹太人而言实在是太平常了。他们认为，在这个世界上，只有知识和智慧是不会被人夺走的。

犹太人在世界上占据着极其重要的地位，他们在金融界声名显赫，在科学领域同样声名卓著，他们将这一切都归功于知识的作用，是知识改变了他们的命运和前途。犹太父母在孩子很小的时候就告诉孩子，这个世界上只有一样东西能够不被偷走，那就是知识。只要拥有知识，即使身无分文，也不是穷人，没有知识的人才是真正的一贫如洗。只要拥有知识，就拥有了无尽的财富。

一条正在行驶的小船上，船客皆是大富翁，只有一位穷人。大富翁们聚在一起，彼此炫耀自己的财富，他们都很看不起这位穷人，于是就嘲讽地问他："嘿，请问你有多少财富呢？"穷人看了他们一眼，不卑不亢地说道："我认为我是这条船上最富有的人，不过现在还没到时候向你们展示。"富翁们听完他说的话，都哈哈大笑起来，他们觉得这是一个笑话，一个一无所有的人，竟然敢在他们这些大富翁面前说这样大言不惭的话。船航行到一半的时候，一条海盗船追上了他们的船，富翁们的金银财宝瞬间被抢劫一空，只有穷人依然安然无恙。海盗离去后，他们好不容易到了一个港口。穷人下船之后就去了一个学院，向那里的人们讲授一些知识，很快，他丰富的学识受到了当地人们的热烈欢迎，于是他就开始在学院里开班收徒。不久，这位穷人就声名远播了。那些和他同船来的乘客看到他现在受大家尊敬的样子，瞬间就明白了他的财富是什么，于是他们就去寻求帮助，因为他们已经很久没有饭吃了。他们说道："善良的人啊，我们这才明白，真正的财富不是金银珠宝，不是银子钞票，而是知识和智慧啊！你的确是最富有的人，请你给我们口吃的吧！"

典型的犹太家庭里有这样一个风俗，就是将蜂蜜滴在《圣经》上，然后让孩子去舔。这样做的主要目的就是让孩子知晓知识是甜蜜的，让孩子从小就有想学习的念头。通过这个习俗，我们可以看出犹太人对学习的态度和对《圣经》的虔诚。勤奋好学是敬神的一个重要组成部分，没有一个民族像犹太人那样对学习和研究如此重视和一再强调，犹太人在信仰的鞭策下，形成了一种不断学习的文化传统。

犹太人经常告诫自己的后代，学习知识是没有止境的，人要活到老，学到老。在这种精神的激励下，他们能够不断地积极进取，不断地接受文化知识的熏陶。这些都是犹太人对知识敬重和虔诚的表现。

虽然犹太人将金钱作为自己世俗的上帝，他们对金钱的迷

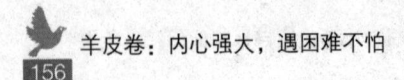

恋也已经达到了痴迷的地步，但是他们并不将钱作为自己终身的财富，这种金钱观真的不是所有人都能拥有的。将知识定义为财富的唯一标准，大概也只有犹太人可以做到，也许这就是犹太人能在各个领域占据重要地位的原因。

第11章

理性社交,热情为先真诚为本更得人心

别让金钱玷污友谊的纯净

犹太人的生存智慧与他们经受的苦难分不开,有了这些苦难的磨炼,他们懂得了很多的生存之道和生存智慧。苦难虽然没有了,但是,这些生存智慧被一代代传承了下来。这些智慧让他们的人际关系变得更加和谐,这些智慧在犹太人赚钱的过程中,同样发挥了作用。先辈们总结出来的这些人生经验,让他们少走了很多的弯路。其中有一条经验就是:分清界限,不让金钱影响情谊。

犹太人的普遍观点是将金钱和朋友分开,他们一般不会借钱给自己的朋友。他们认为,借钱给朋友其实是给自己买了一个敌手,这样会失去原来的朋友,得不偿失。所以,犹太人的一致共识就是不借钱给自己的朋友。而且,犹太人即使有什么经济上的困难,一般也不会向自己的朋友借钱。

犹太人朋友之间的关系其实很不错,大家经常在一起吃饭喝酒。但是,交往归交往,假如你要借钱,他们一般是不会答应的。犹太人认为,你可以资助朋友任何东西,但是金钱除外。不借钱给自己的朋友,并不是因为犹太人不相信自己的朋友,而是因为,他们觉得,假如借钱给朋友,借钱者就会不好意思见朋友，这样一来，越是想尽早还钱，越是不好意思去见朋友。如果借方正好也需要钱，又不好意思催朋友还钱，只好向别人借钱。于是朋友之间的关系就会越来越淡薄，最后甚至会因为钱而反目成仇。基于这种原因，犹太人普遍形成这样一种观点：不借钱给自己的朋友。

这样的事情其实各个民族的人都会遇到，只是其他人不会像犹太人这样理智地处理这个问题。毕竟，人都是好面子的，很少有人会坚决拒绝朋友的要求，所以，很多时候，人们如果借些小钱给朋友，一般都不会指望着朋友还钱。因为借钱不还而将关系闹崩的人其实不在少数。

犹太人喜欢放高利贷收取利息，这是他们几百年来传承下来的传统。如果他们有闲余的资金，就会将其贷出去。如果有人真的需要钱，可以向放贷者借钱。这样一来，就可以避免向朋友借钱。犹太人经常这样做，如果缺钱，他们一般都会通过借贷充实资金，使自己渡过难关。向借贷者借钱是一种商业行为，与向朋友借钱是完全不同的。一旦沾上金钱的边，任何事情都会变得复杂，所以，为了让朋友之间的关系变得更透明，最好的处理办法就是让它不与金钱沾边。

犹太人在开餐馆前一般都会在门前贴这样一首歌谣："我喜欢你，你要借钱，我不能借给你，怕你借了，以后不再上门。"这就是犹太人想法的真实写照。犹太人这种将金钱和朋友划清界线的做法，是他们千百年来总结出来的一种经验，这种做法值得每个人学习。朋友就是朋友,金钱就是金钱,朋友不是用钱买来的,用钱买来的朋友不是真朋友,只有将钱和朋友分开的人才是明智的人。

雪中送炭,对需要帮助的人施以援手

如果一个人能坚持为别人着想,他的心灵就会不断地得到净化。如果每个人都能将帮助别人当成一种习惯,那么这个世界就会越变越美好。人与人之间免不了要打交道,在这个世界上,很少有人没有接受过别人的帮助,也很少有人没有帮助过别人。帮助别人,自己也会从中得到一些快乐;不愿意帮助别人的人,永远都体会不到这种从内心深处涌出的快乐。

一个人来到上帝的面前,问道:"为什么生活在天堂里的人就会快乐,而生活在地狱里的人就痛苦不堪呢?"上帝笑而不答,只是将这个人带到了地狱和天堂,让他自己找原因。来到地狱后,这个人看见很多人围在一个大锅周围,锅里煮着美味的食物,可是每个人脸上都写满了失望,而且他们都很消瘦,很明显已经很久没有吃饱了。这个人很不明白,锅里有那么多美味的食物,为什么他们还会这样消瘦呢?原来,他们每个人的筷子都很长,没法将食物送到自己的嘴里,所以只能看着食物干着急。上帝又将这个人带到天堂,奇怪的是,这里的情形和地狱差不多,但是每个人的脸上都写满了幸福,而且满面红光，可见他们生活得不错。虽然他们的筷子也很长，但是他们不是将食物送到自己的嘴里，而是互相用筷子喂给对面的人吃，就这样，他们每个人都能吃得很好。

同样是用长筷子夹食物，天堂里的人通过帮助别人吃东西，自己也吃到了东西；地狱里的人却始终不明白帮助别人就是帮助自己这个道理，只能眼睁睁地看着美味的食物饿肚子。

如果把帮助别人当作一种习惯，使其成为一种社会风气，社会就会变得更加和谐温馨，多一些阳光，少一些阴郁。犹太人将帮助别人当作一种习惯，把助人视为一种美德，在帮助别人的同时充分尊重别人的自由。他们帮助别人不是为了回报，而是为了求得心理的安宁。

犹太民族的繁荣兴盛，与他们把帮助别人当作一种习惯有很大的关系。在犹太人的社会里，帮助穷人已经是一种习惯。按照犹太人的规矩，为了照顾寡妇和无依无靠的人，农夫收割麦子的时候，会故意留下田地四角的麦穗不割，让穷人去拾取。收割的人，也不可拾回掉在地上的麦穗，不可回去取忘在田间的麦穗，这些都是要留给穷人的。犹太人已经将这一规矩延续了上千年，他们在收割的时候已经将这一规矩变成了自己的习惯。

犹太人之间的关心和帮助都是发自内心的，他们真心喜爱自己的同胞，从内心深处愿意帮助他们。以前，犹太人经常在神庙里开辟若干个小房间，这些小房间被他们称为"禁声室"

或"静室"。在这些小房间里,犹太人会把他们为穷人准备的东西秘密地放在里面,穷人能够来到这里秘密地得到帮助。这样一来,接受者不知道接受了谁的帮助,给予者也不知道帮助了谁。这样做既能帮助穷人,同时也能保护他们的尊严。直到现在,犹太人某些帮助他人的优良传统还在一直延续。

在犹太人心目中,帮助别人是一种境界和智慧。犹太人一直坚信,自己的一切行为都被真主看在眼中,有时候帮助别人其实也是帮助自己。在帮助别人的过程中,自己的思想、信念、精神以及心灵也得到了彻底的净化。正是因为犹太人拥有这种乐于帮助他人的思想,所以以色列是没有乞丐的,人们都乐于慷慨解囊,帮助他人渡过难关。

率性爽朗让你在交际场大受欢迎

在我国,人们一般都比较自谦。在我们的文化传统里,自谦是一种自古沿袭下来的传统。这种自谦在犹太人看来是虚伪的,犹太人在社交中讲究坦率直爽,他们认为人与人之间没必要老是绕弯子,有话直说是他们的做事风格。

在与人交往时,犹太人喜欢直率地表达自己的观点。在他们看来,一就是一,二就是二,没有必要在简单的事实中加上多余的修饰词句。那种自谦式的礼貌,他们根本就不能苟同。

犹太人非常爱惜时间,所以做事坦率、说话坦率就成了必然的事情。他们经常没有任何寒暄地直奔主题，这样既能节省时间，又能较快地解决问题。在平时的交往中，他们对于任何事情都是直抒己见。他们认为每个人都有自己的思想，意见不同是情理之中的事情，人们在交换意见的时候，绝不会因为你的意见不同就大惊小怪，甚至恶语相向，只要言辞不太唐突、尖刻，存在争执是无妨的。

犹太人一直秉承的这种观点，不仅被他们用在生活中，还被用在工作中。有些成功的犹太商人，在事业和工作上，经常是认准了一件事就坚持自己的决定，绝不退让，他们经常会因为某件事情在董事会吵得不可开交。但是，这样的争论丝毫不会影响他们之间的关系，他们不会因为这样的争论而心生芥蒂，甚至出手攻击。

犹太人不会将这些事情想得太复杂，即使对上司有意见，他们也会直截了当地说出来，因为他们认为人与人是平等的，没有必要因为地位的差别就说一些违心话。

犹太人在经商的时候，将这一风格表现得淋漓尽致。如果自己的商品好，他们一定会告诉别人好在什么地方。不要以为他们这仅仅是在为自己做广告，其实这也是犹太人直爽性格的体现，他们认为这样既不欺瞒顾客，又能将自己的商品卖出去。很多商人都喜欢犹太人这种直爽率真的风格。说话模棱两可，只会让人厌烦。所以，在经商的时候，应该多学习一下犹太人这种做事风格，不要以为说一些好听的违心话就能做成生意，生意成败的关键不在于说话好不好听上，而是在硬件储备上，如产品的质量、风险的高低、有没有价值等。

我们也应该学习犹太人这种坦率直爽的社交之道，没有必要总是自谦，也没必要绕弯子。有事直说，这样的说话方式既能节省别人的时间又能节省自己的时间。只有这样才能在生意上不断地取得成功。

没有永远的敌人，懂得化敌为友

人们普遍认为，多一个朋友比多一个敌人好得多，犹太人也同意这种观点。他们在商场上经常秉承这样的观点：生意场上没有永恒的朋友，也没有永恒的敌人。

《塔木德》经常告诫人们，要以德报怨，化敌为友。有些人经常是以眼还眼，以牙还牙。在犹太人的圣经中，圣人们不提倡这样的做法，他们认为最好的做法就是以德报怨，化敌为友。

犹太人这种化敌为友的品德与他们经受的苦难是分不开的。战争时期，他们迫不得已移居到其他国家和地区。为了生存，他们必须和其他人和平相处，同时尽量和他们化敌为友，因为自己的敌人已经够多了，这时候，只有尽量地减少敌人，多结交朋友才能艰难地生存下去。

能够宽容待人、化敌为友的人才算达到了为人处世的最高境界。原谅曾经伤害过自己的人，才是最好的待人之道。受到侮辱却不侮辱对方、听到诽谤却不反击对方的人是值得敬重的。这样的人是心胸宽广的人，具有大家风范，用我们中国的一句古话说就是"宰相肚里能撑船"。

犹太人在历史的长河中，受尽迫害、历经坎坷。但是，当犹太人有了掌握其他民族命运的能力时，他们不会去迫害其他的民族。相反，他们以平常心对待他人，甚至用爱心帮助他们。在犹太人的《圣经》中，有这样一则小故事。

约瑟夫是雅各的第十一个儿子，由于他是最小的孩子，雅各非常疼爱他，所以他经常遭受兄长的嫉妒。有一天，孩子们在外面玩耍的时候，约瑟夫被兄长卖到了埃及为奴。后来，他凭借自己的智慧，成了埃及的宰相。有一年，因为饥荒，他的父亲派他的哥哥们到埃及寻找食物，约瑟夫见到了他的兄长。当约瑟夫发现自己的哥哥们时，控制不住自己的感情，在众多的仆人面前号啕大哭起来。他大声地喝退自己的仆人，等仆人们都离开了，他才向哥哥们诉说自己的思乡之苦，并急切地问道："父亲还好吗？"他的哥哥们被问得惊惶失措，甚至不知道该怎么回答，因为他们没有认出约瑟夫。约瑟夫让他们走近些，等他们认出眼前这个威风凛凛的人是当年被他们卖到埃及的弟弟时，都感到非常害怕，他们害怕弟弟会报复自己。但是，约瑟夫并没有报复兄长，而是温和地说："现在请你们不要因为把我卖到这里而感到难过，那是上帝为了救我的命把我早些送过来。现在故乡发生饥荒已经两年了，接下来的五年时间还会颗粒无收。上帝把我早些送来，也是为了让你们继续存活，他以特殊的方式搭救了你们，所以是上帝将我送到这儿的，而不是你们。他使我成了法老的宰相，所有财产的主人，整个埃及的统治者。"

约瑟夫这种化敌为友的处世方式，正是千百年来犹太人杰出的生存智慧，他们以自己的爱心真诚地对待每个人。他们不仅用真诚的心去回报朋友，更能用爱心宽恕敌人。这就是犹太民族的伟大和高尚之处。

适当的时候以退为进，不咄咄逼人更得人心

柔弱的芦苇在暴风中弯腰低头，此后又挺直身躯，这是一种自然现象。但是，对我们的人生而言，这就是一种处世智慧，人在社会上生活，有时候就需要学会适当地示弱。适当地示弱是一种人生境界。犹太人也经常用"忍一时风平浪静，退一步海阔天空"来勉励自己。只有适当示弱的人，才能将自己的人际关系处理好。

与其他民族的人相比，犹太人在各个方面都表现出了超强的能力，无论是在金融还是在科技领域，犹太人都使其他民族的人甘败下风。他们本来没有想逞强的意思，但是，由于他们太优秀了，无形之中就让其他人有了压力，所以，为了不引起人们的注意，他们就学会了适当地示弱。只有这样才会让别人

觉得心理平衡，也只有这个时候，人们才不会把他们作为攻击的对象。在生活中，有些人不懂得适当地示弱，他们没有示弱的勇气，认为示弱就是表示自己不行。他们并不了解，示弱并不是表示无能，只是一种渡过难关的策略。示弱会让人积蓄力量，不断地实现自己的理想。古代的时候，人们一直尊崇大丈夫能屈能伸的气度，这就是一种示弱的勇气。

精明的犹太人懂得适当示弱的好处，有时候他们会公开承认自己的短处，把自己某些方面的弱点暴露出来，以这种方式来赢得交际方面的优势。其实，犹太人的这种示弱就是一种精明的交际策略。

有一个硕士毕业的犹太女孩，在一家公司做市场部的经理。她业绩突出、多才多艺，长得也不错，却一直没有找到自己的白马王子，而且在公司的人际关系很紧张，这让她自己也感到不可思议。在职场待了两年之后，她终于明白自己为什么和同事的关系不好了。她现在已经放弃原来抱有的做一个完美女性的信念了。她经常深有感触地说：人在职场应该懂得适当地示弱。

她在两年前刚进入公司的时候，仗着有专业知识的底子，经常向老板提出自己的想法和建议，而且经常加班加点工作。在公司的联谊会上，她能歌善舞，表现非常活跃，引起了人们的注意。在公司工作一年后，她就升职为部门经理，在工作上的表现自是没话说。工作之余，女同事总爱谈一些穿衣化妆的事情，这种时候，她总是直言不讳地将女同事穿着的不足一一指出，并且总是给人提出建议。同事们一起去K歌的时候，由于她唱歌不错，经常是一人唱独角戏。在同事搬家的时候，她甚至可以表现得像男同事一样。她身上似乎没有任何缺点。就在她的事业蒸蒸日上的时候，人们对她的议论沸沸扬扬地传开了，有人说她爱出风头，有人说她想表现自己，有人甚至嘲讽地说她就是完美的"神仙姐姐"……虽然事业一帆风顺，但是她明显地感觉到自己被同事孤立了。她根本就进不了同事的圈子，人们经常是看见她过来就立刻停止任何交谈，让她无比地扫兴。有一天，她将自己的心事告诉了一位心理医生，医生帮她分析，认为她是因为不懂得如何示弱才让自己的处境越来越差。一语点醒梦中人，后来，她就不再总是表现得太优秀了，渐渐地，同事发现她其实是一个普通的女孩，在生活中也有各种各样的缺点，大家也开始渐渐地接纳她了。

每个人都不是完美的，太优秀的人往往会让人觉得不真实。在人际交往中，学会聆听和关注他人，适当地示弱，不是无能的表现，而是一种人际交往的润滑剂。适当地示弱会让人觉得你更加值得信任，也会让人觉得你比较坦诚。示弱不会压垮你的脊梁，相反，它会让你将脊梁挺得更直。

第12章

低调处世,头脑精明但为人诚挚坦荡

每个人都喜欢称赞，嘴甜的人被人喜欢

　　人都喜欢听好话。赞扬自己的话，谁都爱听。然而，赞扬别人是一种学问，有些时候得掌握好分寸。会赞扬别人的人，会使对方心花怒放；不会赞扬别人的人，不仅得不到表扬，有时候还会适得其反。

　　真心地赞扬别人其实就是欣赏别人的优点，经常发现别人优点的人是积极乐观的人。有些人认为赞扬别人就是说一些奉承话，其实这是一个误区。有些奉承话的确让人听了很舒服，这种奉承就被认为是恰当的表扬；有些奉承话则让人一听就是假话，这就是我们常说的拍马屁拍到马蹄子上了。犹太人提倡发自内心的赞美。犹太人有一句名言："唯有赞美别人的人，才是真正值得赞美的人。"会赞扬别人的人，才能在工作中和人顺利相处，只有这样才能拥有好人缘。

　　人都是渴望被理解和赞同的，犹太人的《羊皮卷》中，曾经这样说过，如果你认同一个人，就将他的优点大声地说出来。这样既能让他有个好心情，还能让你们的人际关系变得更好。

　　犹太人巴米娜·邓安负责监督一名清洁工的工作，这位清洁工的工作做得不好，很多员工经常嘲笑他，还故意把各种垃

圾扔到走廊里。这位清洁工的压力非常大，他实在没有信心做好工作了。巴米娜想了很多的办法，想提高他的工作质量，但是效果并不好。后来，巴米娜发现其实这位清洁工也能把某些地方打扫得很干净，于是她就对此大加赞扬，如此一来，这位清洁工就会很高兴，也更有动力将其他的地方打扫干净。慢慢地，人们开始关注这个清洁工，对他的态度渐渐变好了，而这位清洁工也能将工作做好了。巴米娜发现这个方法很好，于是就用同样的方法赞扬和鼓励他人，结果效果很好，人们和她的关系也越来越好。巴米娜总结道：批评和责骂不仅不会将问题解决，反而会导致更多的问题出现，它只能让人们之间的关系越来越差。只有赞扬和鼓励能和谐圆满地将问题解决。

不要小看赞扬的力量，说者无心，听者有意，一句小小的赞扬就可能改变一个人的一生。有些人认为赞扬别人好像是一种投机的行为，觉得君子应该坦坦荡荡地做人，而不是用一些赞扬的恭维话博得别人的好感，这样的做法让他们觉得很"小人"。其实他们完全没必要有这种顾虑，因为人们早已经将赞扬别人作为一种合适的、常用的交往方式在生活中运用，而且，人们发现用这种方式可以使双方的关系变得更好。既然赞扬别人是一门学问，那我们就应该努力将这门学问做好。

犹太人在赞扬别人的时候，经常会注意一些细节。首先，赞扬别人的时候一定要真诚，这是极为关键的，不真诚的赞扬往往会让人觉得很肤浅，觉得这只是单纯地恭维对方，不仅不会有什么好效果,反而会惹人生厌。其次,要赞扬行为本身,不要直接赞美人,这样可以避免使人尴尬、混淆概念等弊端。比如,与其说"嘿,汤姆,你这个人太棒了",不如说"汤姆,这次你提的建议真的很棒,对公司的未来有很好的定位",前者会让人感觉如坠云雾,甚至被赞者自己也不知道到底发生了什么事情。再次,赞扬时要具体实在,不宜过分夸张。比如,"珍妮,你太漂亮了"这句话可能不如"珍妮,这件衣服实在是太适合你了"效果好,后者更具体,也会让人觉得更容易接受。最后,赞扬一定要及时,不要事隔很久才想起这档子事,过期的赞扬又有几分可信度呢?

总而言之,赞扬别人是一门智慧,适当的赞扬会让人更加信心百倍地投入工作。赞扬别人不仅会给他人带来欢乐,同时也会让自己变得更加充实、乐观。

为他人着想,体谅他人的难处

每个人都有自己伤心的过往,这段过往,成了一道伤疤,被人们隐藏在自己的内心深处。没有人愿意自己的伤疤被人揭,同样,己所不欲,勿施于人。在与人交往的时候,最忌讳的就是揭人伤疤。犹太人也将这一条列为他们人际交往的重要的交际规则。在与人交往的时候,最重要的是体谅别人。体谅别人,就不会提及让人感到不快的话题。揭露别人尽力掩饰的伤疤，就像是在汩汩流淌血液的伤口上撒了一把盐。

在犹太人的生活中，流传着瑞什·拉吉什和拉比乔纳森的传说。拉吉什是一个魁梧、强壮的男人，年轻时曾是著名的角斗士，经常和野兽搏斗。后来，乔纳森说服他放弃了角斗场上与野兽为伍的生活，去学习法律，最终，拉吉什成为三世纪在巴基斯坦与乔纳森齐名的学者。在拉吉什还是一个角斗士的时候，有一天，乔纳森在约旦河里洗澡，被拉吉什看到，于是他也跳进河里，来到乔纳森的身边，乔纳森对拉吉什说："你的力量应该贡献给对《律法书》的研究。"拉吉什说道："那么你的美丽应该贡献给妇女。"乔纳森并没有生气，他对拉吉什说："如果你向神忏悔，我就让你娶我的妹妹，她比我还要美丽。"拉吉什心动了，于是就开始向神忏悔，乔纳森果然遵守约定，将自己的妹妹嫁给了拉吉什。拉吉什在乔纳森的帮助下，学会了《圣经》还有《注释》，并最终成为了一个大学者。拉吉什渐渐地取得了成就，得到了很多人的赞同。当他和乔纳森齐名的时候，一次，两人因为讨论什么样的东西才是不洁之物的时候，发生了激烈的争吵。乔纳森认为凡是在熔炉中锻炼过的东西都是不洁之物，而拉吉什则认为浸过水的都是不洁之物。因为他们相识的时候就是在水中，乔纳森认为拉吉什这是在侮辱他，于是他就说："强盗懂得自己营生。"他的意思是暗示拉吉什以前是强盗，拉吉什听见乔纳森这样说，感到非常愤怒，于是就大声说道："你对我有什么帮助？在罗马的竞技场上，我被称为大师，在这里我一样被称为大师，你对我有什么帮助？"乔纳森非常生气，如果不是当时自己苦口婆心地让他来学法律，如果不是自己细心地讲解与教导，他能有今天吗？乔纳森受到了很深的伤害，这场争论最后演变成互揭伤疤的一场争斗。后来，尽管拉吉什认识到了自己的错误而向乔纳森道歉，但是乔纳森坚决不肯原谅拉吉什，就这样，拉吉什病倒了，最后郁郁而终。拉吉什死后，乔纳森陷入了无限的沮丧之中，他为自己没有原谅拉吉什而痛苦。不久之后，他也过世了。

拉吉什和乔纳森的故事带给人们很多的教训，它让人们知道了揭人伤疤的坏处。揭人的伤疤、互相伤害，它会使朋友之间反目，会让人们深深地悔恨自己的过失，自己的知心朋友会离你而去，自己的爱人会一去不返，这样的结果是非常让人受打击的。揭一个朋友的伤疤，甚至有可能让人丧命，那如果是一个不怎么熟识的人，又会产生多少怨恨呢？

人际间最难以忍受的不是身体上的伤害，而是心理上的。心理上的伤疤一旦被人揭开，这样的伤害是会影响人一辈子的。恶语伤人六月寒啊！

犹太人在与人交往的时候，非常注意自己的言辞，他们不会图一时之快，口无遮拦地揭人伤疤。没有人能彻底忘记别人对他的羞辱，即使这个人有恩于他，即使他们原来是多么好的朋友。不要以为你对某人很熟悉，你们之间就可以肆无忌惮地开玩笑，随意地拿别人的缺点、伤疤开玩笑，这样的玩笑往到最后的时候，往往会伤害到朋友的人格、尊严，往往会违背了玩笑的初衷。犹太人很在意不要揭人伤疤这件事情，这既是对人的尊重，同时也是对自己言语的负责。心灵上的伤疤是一辈子都会存在的，不用别人的提醒，在相似情景出现的时候，它依然还会泛着隐隐的痛，让你不能忘怀当时的痛苦经历。不管是一个人，还是一个民族、一个国家，心灵上的伤疤，永远都会存在，有些人经常做的事情就是揭人的伤疤，他们认为这样可以吸引人的眼球，丝毫不知道，这纯粹就是一次对人心灵的再次折磨。

任何一个有修养的人，都不应该揭人伤疤。

言出必行，有诚信的人才值得结交

言行不一是任何人都不喜欢的行为，犹太人十分厌恶这种行为。言行不一的人，不能得到人们的信任，这样的人做事的时候，根本就不会负责任。他们往往是说一套，做一套，这样的人，无论是在生活中还是工作中，都不值得信任。与这样的人交往合作，是一件非常冒险的事情。

犹太人认为，即使是口头的允诺，也是一种契约，说话者有责任兑现说过的话。犹太人严格履行契约是出了名的，这在世界上有口皆碑，他们经常是言必信，行必果。

纽约大学有意设立一所日本经济研究中心,他们计算的费用是300万美元,美国决定让日本出一半的资金,于是纽约大学就派一位犹太籍的学生前去劝说。这位学生对日本的首相和金融领袖进行了游说,日本方面对此的反应也非常大。日本方面最后对此作出回应:"办这样一个经济研究中心,对日本来说是一件好事。这样不仅可以消除美日之间的摩擦,还能增进双方之间的友谊,日本方面对研究中心的建立一定会大力支持。"这位犹太籍学生高高兴兴地回去了。一年后,这所研究中心开始建设,这时美国已经筹集齐了150万美元,于是就向日本要另外一半的资金,但是日本方面始终在拖,他们根本就不愿意出一分钱。纽约大学的校长没有明白,当时日本方面的回复只是搪塞之词,根本就没有想过兑现。校长一怒之下,就去了日本驻美大使馆,强烈谴责日本出尔反尔的行为。日本人的信用真是太让人寒心了。

其实,日本如果真的有财政上的困难,完全可以当面说清楚,这样对方肯定也能够体谅。一个国家如果言行不一,国际形象就会毁于一旦。所以,无论是个人还是国家,最忌讳的就是言行不一。

在商场上,交往和合作往往是不可缺少的,一个商家最重要的就是信誉,信誉一旦被毁,往往很难恢复。犹太人对于合作伙伴的挑选是非常严苛的,他们最看重的就是对方的诚信。对于言行不一的人,无论对方的实力多么雄厚,他们都不会与对方合作。犹太人在商场上的成功与他们这种重信用的观念有着十分密切的联系。

犹太父母同样十分重视对孩子言行一致的教育。他们认为，对孩子小时候的教育会影响孩子的一生，这个时候就应该让孩子树立言行一致的观念，所以犹太人从小就培养孩子言行一致的好习惯。

犹太人言行一致的观念是每一个人都应该学习的，只有言行一致，才能守信用。即使是口头承诺，也应该尽力去兑现。不经意间的许诺能否兑现，恰恰能看出一个人值不值得深交。

犹太人经常会告诫自己，只要定下契约，哪怕只是口头的契约，就要努力将其实现。如果一开始就没想过要兑现承诺，那么就完全没必要说出这些话。犹太人最不能容忍的就是言行不一的行为。犹太人言行一致的观点值得我们每个人学习。我们以后在与别人交往的时候，一定要对自己的话负责，不要作出不打算兑现的承诺。

可以有精明的头脑，但必须要磊落处世

犹太商人精明的原因有很多，最重要的一个原因是他们对精明的态度，他们认为精明是值得推崇和欣赏的。这就像他们对待金钱的态度一样，明目张胆地推崇，丝毫不去理会别人对他们的评价。这就是犹太人对精明的态度，就是这种态度，

让他们在商场上如鱼得水，处处赚取利润。精明不属于性格范畴，而是一种处理具体事务时的心态和智慧。

犹太商人的精明不仅局限在商务活动中，还贯穿于他们生活的点点滴滴中。一般商人讨价还价的目的是为自己节省更多的钱，而犹太商人的目的不仅如此，他们认为，一次成功的讨价还价，不仅可以为自己节省金钱，还能使自己更有信心，并且打击对方的信心。

作为买方的犹太商人在讨价还价的时候是非常狠心的。为了达到目的，他们不停地挑对方商品的毛病，哪怕这些毛病根本就不存在。在这样凶猛的攻势下，很少有商人能够招架得住，最后败下阵来的，往往是卖方。

作为卖方的犹太商人在出售自己的商品时，会先制订一个价格底线，然后漫天要价，绝不会轻易作出让步，一点儿一点儿地消耗对方的精力和意志。当你看见他们一副可怜相地向你出售商品时，千万不要被他们的可怜相迷惑，说不定他们心里正在哈哈大笑呢。这些经验都是犹太人在经商过程中摸索出来的。

犹太商人的赚钱理念是钱生钱而不是人省钱。犹太人在商业上的精明到了无以复加的地步，成本能省一分是一分，价格能高一点儿是一点儿。

犹太人对精明的推崇众所周知，他们的精明还表现在对数字的敏感上。犹太人对数字特别敏感，而且犹太商人在经商之前都要进行心算能力的培养与练习，这样他们在经商的过程中就能占据更多有利信息。在与人谈判的时候，哪怕是一分一厘的利润，他们也会费半天口舌将其拿下。

在对金钱的占有上，越富有的犹太商人越将其精明展现得淋漓尽致。不要以为他们富有了就不在乎小钱了，就算是1美元，他们也会斤斤计较。

世界第一商人的称号，犹太人当之无愧。商人应有的精明，在他们的身上展露无遗。每一个商人都应该学习犹太人这种精明的商业策略。精明不是处心积虑地陷害别人，也不是设计坑骗别人，而是一种堂堂正正的经商策略，它与耍心计是不同的，只有拥有堂堂正正的精明的人才能不断地在商场上取胜。

远见卓识，学会预测机遇和风险

"凡事预则立，不预则废"，这是我们的古人教导我们的一句箴言。在犹太人的法典中，犹太的先哲们也曾告诫自己的子孙，看待事物一定要有远见，不要将眼光只局限在目前的微小利益上。在挑选自己要从事的事业时，一定要有远见，只有这样才能找到自己一段时间甚至终生要从事的事业。

只有拥有远见的商人，才能在寻常的事物中看到不寻常的商机。只有这样的人，才能引导世界的潮流；也只有这样的人，才能在历次的经济大潮中永远处于中流砥柱的地位。他们的远见卓识也给他们带来了丰厚的利润回报。

俄国出生的犹太人萨尔诺夫，9岁的时候跟随父母移居到了美国，由于家境清贫，他没有钱去读书。就算是读小学的时候，他也要经常趁着节假日和放学后，做一些工，挣点钱贴补家用。他小学毕业的时候，他的父亲积劳成疾，过早去世了，家里一下子失去了主要的经济来源。萨尔诺夫只好辍学去工作。对于自己的艰辛处境，他没有埋怨父母，而是更加勤奋地工作，把自己挣到的钱全部用来养家。他经常用剩下的几角钱为自己买点便宜的书自学。几经周折，萨尔诺夫终于在一家邮电局里找到了一份送电报的工作，他发誓要学会发电报的技术，以后当一个电报业的老板。虽然如今电报早已经过时了，但是在当时，电报业才刚刚开始兴起，还是当时的先进科技。萨尔诺夫很有眼光，他发现电报业的前景非常好，便下定决心要勇攀这座高峰。于是他就开始努力学习，白天上班，晚上下班以后去读电工夜校。他的勤奋博得了老板的赏识，地位逐渐得到了提升。经过十年的艰辛努力，他终于迎来了胜利的曙光。他的老板为了拓展业务，分设了美国无线电公司，萨尔诺夫被委任为总经理，此时，他已经四十出头，终于可以大展拳脚了。后来，经过不懈努力，他终于成为了美国无线电工业的巨头。

一个有远见卓识的人往往是有大目标的人，正所谓伟人看到的是志向，凡人看见的是愿望。有远见的人看见的是整个世界，没有远见的人看见的只是眼前的一亩三分地。只有看见别人看不到的事物，才能做出别人做不出的事情。作家乔治·巴纳说："远见是在心中浮现的将来的事物可能或者应该是什么样子的图画。"只有有远见的人才能预测自己到底能飞多高，能飞多远，该往哪里飞。远见是心中目标对自己的召唤，它会引领着你不断地走向自己初定的目标。远见在我们的心中勾勒出一幅美景，让我们不断地从一个成就走向下一个成就。

只有有远见的人才能在人生的路上越走越远，所以，看待事物的时候，一定要锻炼自己的长远眼光。有远见的人能根据当下的趋势对未来作出明智的判断，这就要求人必须要有知识。所以，要想让自己变得更加富有远见，就要不断地学习。

犹太人的成功经验告诉我们，人要想成功，远见是不可缺少的。所以，如果想让自己的事业取得成功，一定要多学习，多留意经济的发展趋势，对自己以后要走的路，一定要心中有数。

参考文献

[1] 塔尔莱特·赫里姆.塔木德：犹太人的经商智慧与处世圣经[M].北京：中国画报出版社，2009.

[2] 沧海明月.犹太人智慧大全集（超值白金版）[M].北京：中国华侨出版社，2010.

[3] 朱新月.犹太人笔记本里的101个赚钱秘密[M].北京：北京理工大学出版社，2011.